U0312480

连带 Hermite 基无条件稳定时域有限差分方法

石立华　黄正宇　著

科学出版社

北京

内 容 简 介

针对色散介质和带细微结构的电磁建模分析，本书提出了一类新的无条件稳定电磁场数值分析方法。该方法将 Associated Hermite 正交基（AH基）展开方法与传统时域有限差分（FDTD）方法相结合，不受传统 FDTD 方法稳定性条件的限制，能方便地处理色散介质问题。本书讨论了 AH 基函数的特性及基于 AH 转移矩阵的线性算子，介绍了 AH FDTD 方法的基本原理、按阶并行求解方法、迭代求解方法、吸收边界处理等实现技术，给出了在色散介质、传输线及周期结构分析中的应用，延伸探讨了在声学及传热学问题分析中的应用。

本书可作为电磁场专业研究生"电磁场数值分析"相关课程的参考书，也可供相关专业的科研人员参考。

图书在版编目（CIP）数据

连带 Hermite 基无条件稳定时域有限差分方法/石立华，黄正宇著. —北京：科学出版社，2018.6

ISBN 978-7-03-057132-8

Ⅰ.①连… Ⅱ.①石… ②黄… Ⅲ.①电磁场–数值分析 Ⅳ.①O441.4

中国版本图书馆 CIP 数据核字(2018) 第 071739 号

责任编辑：惠 雪 沈 旭／责任校对：彭 涛
责任印制：张 伟／封面设计：许 瑞

科 学 出 版 社 出版
北京东黄城根北街 16 号
邮政编码：100717
http://www.sciencep.com

北京建宏印刷有限公司 印刷
科学出版社发行 各地新华书店经销
＊

2018 年 6 月第 一 版 开本：720×1000 1/16
2019 年 1 月第二次印刷 印张：9 1/2
字数：187 000
定价：89.00 元
(如有印装质量问题，我社负责调换)

前　言

针对色散介质和带细微结构的多尺度高效电磁建模，本书研究了一类新的无条件稳定电磁场数值分析方法。该方法将 Associated Hermite(AH) 正交多项式与求解麦克斯韦 (Maxwell) 方程组的时域有限差分 (FDTD) 方法相结合，为无条件稳定方法领域提供了新的研究途径。

本书共分六章。第 1 章为绪论，介绍了本书的研究背景和无条件稳定时域有限差分方法的发展现状，重点分析以 Laguerre FDTD 方法为代表的无条件稳定方法的发展状况，并给出了本书的主要工作、创新点及结构安排。第 2 章介绍了 AH 转移矩阵线性算子，提出了 AH 时频桥概念，并将此概念重新在信号重构、分解和系统辨识等问题中进行阐述和分析。第 3 章介绍了 AH 正交无条件稳定 FDTD 新方法，详细推导了方法的基本公式、系数矩阵和源项的更新方法和求解方案，并进行了算例分析和验证。第 4 章介绍了 AH FDTD 的若干改进方法，包括按阶并行求解的实现方案及验证、源项的引入方式、吸收边界的公式推导和吸收效果验证，以及两种高效方法的实现方法。第 5 章介绍了三维 AH FDTD 方法的实现，系统推导基于 CFS-PML 的三维方法公式，研究了系数矩阵快速生成方案及使带宽压缩的预处理方案、集总参数建模的源项及系数矩阵更新方法和高效的平面波 AH 域实现方案。第 6 章介绍了 AH FDTD 方法在处理频域相关问题、周期结构、柱坐标系中的实现和应用，扩展了该方法在声学及传热学等跨学科领域的应用，最后讨论了 AH 系列正交基函数无条件稳定方法及新的按阶求解的无条件稳定方法。

本书得到了国家自然科学基金课题 "碳纤维复合材料飞机蒙皮结构雷电防护性能表征方法研究"(51477183) 支持。本书可以作为电磁场专业研究生 "电磁场数值分析" 相关课程的参考书，也可供相关专业的科研人员参考。

石立华　黄正宇

2018 年 4 月 16 日

目　　录

第1章 绪　　论

　　电磁学的发展历程大致可以分为实验电磁学 (1864 年以前)、经典电磁学(1864~1950 年) 和计算电磁学 (1950 年至今) 三个阶段[1]。实验电磁学建立在对实验的感性认识的基础上，这一阶段的标志性工作包括库仑、安培和法拉第等实验定律。1864年，麦克斯韦 (Maxwell) 建立了电磁场基本方程——Maxwell 方程组，揭示了自然界一切宏观电磁现象所遵循的普遍规律，使电磁学真正上升为一门理论，也标志着电磁学迈入经典电磁学的发展阶段。电子计算机发明之前，人们通过应用经典电磁理论求解具有规则边界简单问题 (如球、圆柱、平面等) 的解析解，获得电磁场问题的物理或工程上的解释或认知。这种方法效率高且可得到问题的准确解，如分离变量法、格林函数法、保角变换等，但适用范围太窄。为求解较复杂的电磁场问题，人们发展了渐进方法，如高频近似方法等。然而，在面对工程电磁问题中越来越复杂的边界条件时，解析或渐进方法往往无能为力。20 世纪 50 年代以来，电子计算机技术飞速发展，计算机凭借其强大的计算能力取代了依赖纸和笔的传统计算模式，成为科学和工程技术发展中不可或缺的计算分析工具。

　　在计算机辅助下，电磁场数值计算方法能够求解形状复杂且不规则的实际问题，其解在一定程度上满足了实际应用的精度。随着电磁场数值计算方法在实际工程问题中的广泛应用，计算电磁学研究领域已成为现代电磁理论研究的主流[2-4]。概括来讲，计算电磁学以电磁场理论为基础，以数值计算技术为手段，运用计算数学提供的各种数值方法，解决复杂电磁场理论和工程问题，是目前电磁场与微波技术学科中十分活跃的一个研究领域。从求解麦克斯韦方程的方法角度，可分为解析法、渐进法和数值法三类。解析法是指严格求解麦克斯韦方程的方法，通常仅适用于理想的边界条件，如分离变量法只能在十一种可作变量分离的坐标系下进行求解。渐进法是指在极限条件下求解麦克斯韦方程的近似形式，如低频近似下退化为准静态问题和电路问题，高频近似下的光学和准光学方法，包括几何光学法、物理光学法、几何/物理/一致绕射方法、高斯波束法等。而大部分计算电磁学方法则被归于数值法，即用离散化方法通过计算机程序直接求得麦克斯韦方程及其衍生方程的数值解[3]。数值法可分为频域 (frequency domain) 方法和时域 (time domain) 方法两大类，频域方法基于时谐微分和积分方程，如有限元 (finite element method，FEM) 方法[5]、矩量 (method of moments，MoM) 法[6]等，这类方法一次只能求得一个频率点上的响应，多用于窄带问题。当面对瞬态电磁问题时，需要通过对多个频率采样值的傅里叶逆变换得到。时域方法按照时间步进得到相关场量, 如时域有限差分 (finite difference time domain, FDTD) 法[7]、时域有限元方法[8]、时域有限体积法[9]、时域多分辨分析法[10]、时域积分方程法[11]、时域间断伽辽金 (Galerkin) 方法[12]、时域谱元法[13]、时域抛物线方程方法[14,15]、时域辛算法[16]等, 这类方法通常适用于求解在外界激励下场的瞬态变化过程。在求解复杂结构超宽带响应时, 时域方法可以一次性获得时域超宽带响应数据。

各种数值计算方法都有优缺点, 一个复杂的问题往往难以依靠一种方法得到很好的解决, 需要将多种方法结合起来, 互相取长补短。因此, 各种方法的协同和集成技术日益受到人们的重视, 并成为研究的热点之一。

1.1 时域有限差分法

时域有限差分 (FDTD) 法是 1966 年 Kane S. Yee 提出的一种求解电磁场问题的数值方法, 核心思想是直接将 Maxwell 方程中的两个旋度方程转化为差分形式, 在空间和时间上离散取样时域电磁场, 得到迭代方程组, 数值模拟电磁波传播及电磁波与散射体的作用[7,17−20]。由于 FDTD 法的出发点是概括电磁场普遍规律的 Maxwell 方程, 就预示着此法具有广泛的适用性, 且具有原理简单、容易掌握、程序通用性强和一次计算可得宽频带响应等突出优点, 为电磁理论和工程界提供了强有力的分析工具。

经过近几十年的发展, FDTD 法已经初步形成了一套比较完善的方法体系, 应用及研究方向越来越广泛, 如目标电磁散射与逆散射分析、微波电路和高速集成电路的时域分析、电磁兼容、天线辐射特性计算、瞬态电磁场研究、生物电磁剂量学等。FDTD 法在计算方法上取得了大量成果, 主要体现在以下两个方面。

1) 传统 FDTD 法的发展

首先是吸收边界条件 (absorbing boundary condition, ABC)。吸收边界条件在 FDTD 法发展过程中占有重要地位, 因为在模拟开放区域的电磁问题时, 必须在计算区域的截断边界处引入吸收边界条件。吸收边界从最初简单的插值边界, 到后来广泛使用的 Mur 吸收边界[21], 以及近几年发展的完全匹配层 (perfectly matched layer, PML) 吸收边界, 其吸收效果越来越好。特别是 Berenger 于 1994 年提出 PML 吸收边界条件[22]后, 人们在此基础上进行了大量研究。如 Chen 等提出了修正的完全匹配层 (MPML) 吸收边界条件[23], 提高了 PML 对凋落波的吸收能力。Fang 和 Wu 提出了适用于有耗媒质的 GPML[24]。Sacks 等提出各向异性材料 PML[25]等。Kuzuoglu 和 Mittra 在 PML 基础上提出了复频率参数 PML(CFS-PML)[26], 但是该边界条件不便于实现。在此基础上, 利用卷积方法, Roden 和 Gedney 提出了一种改进的 CFS-PML 吸收边界条件——Convolution PML(CPML)[27],

简化了 CFS-PML。CPML 法不仅结合了上述各匹配层的优点，而且实现简单、通用性强。

其次是网格剖分技术。传统的 FDTD 法通常采用均匀的矩形网格，由于 FDTD 差分格式模拟的最小尺寸为一个网格，对于小于一个网格的尺寸，需要将其近似为一个网格，这就带来了很大的误差。在模拟不规则物体的电磁问题时，采用梯形的边界来近似代替光滑的边界，这种近似需要在网格足够小的情况下才能获得高精度的解，必然又增加了计算内存和时间，而且常规 FDTD 法很难处理电大尺寸散射体上局部电小尺寸的问题。针对这些缺点，人们提出了许多网格改进的方法。1987年，Kasher 和 Yee 提出了亚网格技术。Holland[28,29]先后研究了正交曲线坐标和非正交曲线坐标系中的有限差分法。在不改变网格剖分的前提下，Mei 等[30]首先提出了共形网格技术。Taflove 等[31]从 Maxwell 方程的积分形式出发，提出了环路积分法。在计算区域使用非均匀网格算法中，Kunz 和 Simpson 提出了局部网格细化技术[32]。在网格剖分技术中，1998 年 Monorchio 和 Mittra[33]提出了基于 FDTD 法和时域有限元法相结合的亚网格技术。另外，还出现了三角形网格、六边形网格以及平面型广义 Yee 网格。最后，还有诸如激励源设置问题方面的研究[34,35]、近场到远场的变换技术[36]、集总参数元件的处理问题[37]等，都得到了较好的解决。

2) 在传统基础上出现的各种变形算法

传统 FDTD 算法的稳定性条件限制了空间步长和时间步长选择的自由度，使该算法在分析具有细小的孔、缝、薄层介质的结构时，所需内存和计算量剧增。为突破或减弱稳定性条件对传统 FDTD 法时间步长的限制，无条件、弱条件稳定算法，正交基函数展开的无条件稳定算法以及显示无条件稳定算法等相继提出。这部分内容将在下一节继续讨论。另外，FDTD 法在分析计算一些特殊结构的物体时也显得异常困难，因此许多学者在传统 FDTD 算法的基础上提出了许多新的变形算法，以适应不同的需要。例如，旋转对称时域有限差分 (BOR-FDTD) 法是专门用于分析计算具有旋转对称结构特性物体的一种算法[7]。该算法将电磁场进行傅里叶分解，使三维问题转换到二维，提高了计算效率，适用于处理电大尺寸和薄介质涂层问题。为解决物体结构表面为曲面的电磁问题，Holland[38]、Madsen 和 Fusco 等对非正交曲线坐标系中的 FDTD 法进行了讨论。此外，还有适用于色散介质的 FDTD 法[39]，减少场量存储的 R-FDTD 法[40,41]。随着现代电子计算机技术的发展，FDTD 的并行算法已成为一个全新课题，引起了学者们的极大兴趣[42]。目前 FDTD 法与其他算法 (如矩量法、有限元法等) 的混合是计算电磁学的一个重要发展方向。如时域间断伽辽金方法 (DGTD) 结合了 FDTD 显式迭代和 FEM 网格精确拟合目标几何性形状的特点，是一种有广阔应用前景的计算方法。近十余年，国内外同行对该方法已进行了多方面的研究[43−48]。

1.2   无条件稳定时域有限差分方法

时域有限差分方法对具有多尺度特性且含有精细结构的电磁模型进行模拟时，由于受柯西稳定性条件 (CFL) 约束，传统的 FDTD 方法计算效率大大降低。为提高 FDTD 方法求解这类问题的计算效率，许多专家和学者在减弱或消除 FDTD 柯西稳定性条件约束方面做了大量工作。其中，无条件稳定的 FDTD 方法是重要的研究方向。

1956 年，Peaceman 和 Rachford 提出了著名的交变隐式差分方向方法 (简称 ADI)。1999 年，Namiki 将此方法应用于时域有限差分方法，提出了交替方向隐式 (alternating direction implicit)ADI FDTD 方法[49]，突破了时间步长的限制，节省了计算时间，提高了 FDTD 方法的计算效率。2000 年，Zheng 等[50]将 ADI FDTD 方法推广到三维，从理论上证明了此方法的无条件稳定性，并初次阐述了时间步长由精度决定的观点。其后，有学者提出 Crank Nicolson(CN) 格式的 FDTD 方法[51]，被视为 ADI 方法上的一次大进步。之后，ADI FDTD 方法得到了广泛的关注和研究[52−60]。但也有报道指出，虽然 ADI FDTD 方法实现了无条件稳定的计算，但时间步长的增大会使其数值色散增大，从而降低解的精度[61,62]。

近年来，一种根据流体力学中滤除不稳定高次模的方法被引入时域有限元 (time domain finite element method, TDFEM)[63]与显式 FDTD 的计算，实现了显式 FDTD 的无条件稳定计算[64,65]，该方法避免了 ADI 中烦琐矩阵逆的求解，大大提高了计算效率。

2003 年，Chung 等提出一种基于加权 Laguerre 正交多项式和 FDTD 相结合的新无条件稳定 FDTD 方法——Laguerre FDTD 方法[66]。该方法先通过加权 Laguerre 正交多项式展开时域 Maxwell 方程组的电磁场分量，然后利用伽辽金原理消除时间变量，空域采取和 FDTD 相同的差分处理，得到关于展开系数的隐式差分方程，最后通过求解展开系数来重构待求的时域场分量。其独特的按阶求解的策略使得它成为多年以来唯一的正交基函数展开的无条件稳定方法。并且由于其在数值色散和计算方面要优于其他无条件稳定方法，受到人们越来越多的关注[67−106]，主要表现在以下几个方面。

(1) 方法体系的完善。首先，针对各种吸收边界条件进行研究，如文献 [67]~文献 [70] 针对原始方法中的一阶 Mur 吸收边界计算精度的不足，分别提出了二阶 Mur 吸收边界、UPML 吸收边界、二维分裂场的 Berenger 完全匹配层和 CFS-PML 吸收边界的实现方法。其次，文献 [71]~文献 [73] 分别在分段计算技术、数值色散分析及基函数参数选取方面进行了细致的研究。

(2) 高效方法的研究。由于该方法属于隐式方法，其差分方程构成了一个大型的稀疏矩阵方程, 稀疏矩阵的 LU 分解对计算资源和内存消耗需求巨大, 使得对较大的计算空间模拟的效率优势不明显, 甚至无法实现, 因此许多学者提出了对该方法进行高效实现的改进[74−83]。其中, 陈彬教授团队完成了重要的工作。一是易韵和陈彬等[74] 将电场散度方程引入 Laguerre FDTD 中, 有效降低了计算内存, 提高了计算效率。二是段艳涛和陈彬等[76−80] 通过引入高阶微扰项将传统的大型稀疏矩阵转化为三对角方程求解, 彻底突破了该方法在计算内存消耗上的瓶颈, 同时提高了计算效率, 实现了 Laguerre FDTD 方法在效率方面的跨越。此外, 还完成了高效方法在精度和效率方面的进一步完善和发展[81−83]。

(3) 方法的拓展研究。该方法在对线性色散介质建模分析[84−88]、精细结构下周期结构的建模分析[89−91]、旋转对称体结构建模[92−94]以及集成电路信号完整性分析[95,96]等多尺度结构电磁场领域也有较深的研究。另外, 该方法的快速发展也离不开和其他时域技术的交叉融合与混合发展。文献 [97] 和文献 [98] 分别将该方法结合有限元和有限积分方程方法求解电磁场散射问题。而文献 [99] 将该方法和时域多分辨分析 (multiresolution time-domain, MRTD) 相结合进一步减小了色散误差, 同时实现了无条件稳定。除此之外, 共型网格技术[100]、非正交网格技术[101]、无网格技术[102]和阻抗边界条件技术[103]结合自身优点与 Laguerre FDTD 方法相结合, 同样实现了按阶步进的无条件稳定。

随着 Laguerre FDTD 正交无条件稳定方法的快速发展, 人们也开始关注其他基函数。2006 年, 文献 [104] 提出了包括 ADI FDTD 方法、CN FDTD 方法、MoM 法、TLM 法、MRT 法、PSTD 法和 Laguerre FDTD 方法在内的所有时域有限差分方法都能统一的 "空域差分、时域矩量法" 的概念。也就是说, 如果有其他时域基函数也能展开 Maxwell 方程组并进行求解, 那么它也应该满足这个统一的定义。同年, 文献 [105] 以三角基函数在时域进行展开, 实现了无条件稳定的求解。随后, 文献 [106] 提出了加权 Laguerre 基函数是能和 FDTD 相结合的独一无二的基函数, 因为只有它能实现按阶步进。那么其他正交基函数如果不按阶求解如何实现无条件稳定的 FDTD 计算呢?

1.3　AH FDTD 无条件稳定时域有限差分方法

Associated Hermite(AH) 正交基函数在信号处理领域有着广泛的应用和研究[107], 然而它从来没有和 FDTD 相结合过, 虽然文献 [106] 也曾提到它不适合作为时域基函数按阶求解, 但我们于 2014 年证明了它能够采取 "空间阶数联合求解" 的策略实现无条件稳定的 FDTD 计算——AH FDTD 方法[108]。接着提出了该方法按阶并行求解的计算方案[109], 进一步提高了计算性能, 并在多个方向进行了拓展研究[110−114], 进一步丰富了正交无条件稳定算法。

AH FDTD 实现的基本过程为: 先通过 AH 基函数对时域 Maxwell 方程组进行展开, 利用伽辽金原理消除时间变量, 而后联立空间和阶数以嵌套矩阵系数为基本单元构建有限维 AH 域的隐式方程, 并通过 LU 分解进行求解, 最后通过 AH 域反变换得到电磁场时域结果。和 Laguerre FDTD 方法相比, 它也属于文献 [104] 提出的统一矩量法的范畴。但由于基函数的性质不同, 公式推导的过程和求解的策略也不同, 因此其具有独有的特点:

(1) 由于基函数微分展开系数的 "串阶" 特点[108], 文献 [109] 提出用特征值分解的方法在原始的嵌套矩阵求解的基础上按阶并行求解的策略, 实现方程阶与阶之间的解耦。由于解耦的方程可以实现并行的 LU 分解求解计算, 因此改进的方法不仅使得计算内存消耗大大减少, 计算效率也进一步提高。同时还实现了电磁场在空间和阶数的独立求解。

(2) AH 基函数最具时频紧支基函数的特点[115], 使得 AH FDTD 方法求解时未知数量显著减少; 另外, 其时频基同型的特点[116]使得它在求解展开系数时能够直接重构时域或者频域的结果, 减小 FFT 带来的误差, 提高计算精度。

(3) 通过引入 AH 转移矩阵[117], 建立 AH 域 "系统" 转移关系, 并使其成为微分矩阵的函数。这一特点将能够使该方法在频域相关的 FDTD 问题中得到直接和更广泛的应用。这包括对一般色散介质散射问题的分析[110]、平面波的引入[111]、UPML 吸收边界的处理[112]和考虑色散效应的场对传输线耦合分析[113]等。

正交基函数展开的 FDTD 方法是无条件稳定研究的新方向。其中, Laguerre FDTD 的按阶求解策略虽是独一无二的, 但 AH FDTD 采取了与之不同的 "空间阶数联合求解", 并最终实现了按阶并行求解的方案, 给正交基函数无条件稳定方法的研究带来了新思路。实际上, 最新研究发现, Laguerre FDTD 方法并不是唯一能实现按阶步进求解的方法[118], 也许还存在更多的基函数能实现像 AH FDTD 方法的按阶并行求解, 这些内容将在本书第 6 章进行介绍。

第 2 章   AH 转移矩阵线性算子

本章阐述 Associated Hermite(AH) 正交基函数及相关性质，在 AH 微分转移矩阵的基础上提出 AH 转移矩阵线性算子以及 "时频桥" 的概念。从线性空间的角度重新理解信号重构、分解和系统辨识等内容，为后续无条件稳定 FDTD 方法的提出奠定基础。

2.1   Associated Hermite 正交基函数

AH 正交基函数由 Hermite 多项式和高斯函数加权得到，满足完备性和正交性。其时频基同型和最具时频紧支基函数的特点使其在信号处理、图像分析和生物工程等领域有着广泛的研究和应用。

AH 正交基函数为[117,119−121]

$$\phi_q(t) = \frac{1}{\sqrt{2^q q! \sqrt{\pi}}} \mathrm{e}^{-t^2/2} H_q(t) \tag{2.1}$$

式中，$H_q(t) = (-1)^q \mathrm{e}^{t^2} \dfrac{\mathrm{d}^q}{\mathrm{d}t^q}\left(\mathrm{e}^{-t^2}\right)$ 为 Hermite 多项式。对于各阶基函数的数值计算，如果采取直接赋值运算比较耗时，但可采取以下递归形式计算：

$$\begin{cases} H_0(t) = 1 \\ H_1(t) = 2t \\ \quad\vdots \\ H_q(t) = 2t H_{q-1}(t) - 2(q-1) H_{q-2}(t), q \geqslant 2 \end{cases} \tag{2.2}$$

前几阶的正交基函数如图 2.1 所示。

基函数微分表达式为[120]

$$\frac{\mathrm{d}}{\mathrm{d}t}\phi_q(t) = \begin{cases} -\sqrt{\dfrac{1}{2}}\phi_1(t) & (q=0) \\ \sqrt{\dfrac{q}{2}}\phi_{q-1}(t) - \sqrt{\dfrac{q+1}{2}}\phi_{q+1}(t) & (q \geqslant 1) \end{cases} \tag{2.3}$$

若某个场量 $u(r,t)$ 可以由该基函数展开

$$u(r,t) = \sum_{q=0}^{\infty} u_q(r)\phi_q(t) \tag{2.4}$$

式中，展开系数 $u_q(r)$ 可通过内积运算 $\langle,\rangle$ 得

$$u_q(r) = \langle u(r,t), \phi_q(t)\rangle = \int u(r,t)\,\phi_q(t)\,\mathrm{d}t \tag{2.5}$$

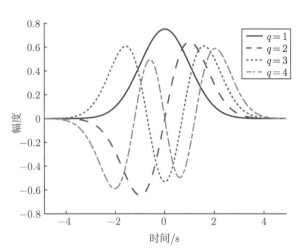

图 2.1　前几阶 Associated Hermite 正交基函数

则其微分形式能写成

$$\frac{\partial}{\partial t} u(r,t) = \sum_{q=0}^{\infty} \left(\sqrt{\frac{q+1}{2}} u_{q+1}(r) - \sqrt{\frac{q}{2}} u_{q-1}(r) \right) \phi_q(t) \tag{2.6}$$

式中，定义 $u_{-1}(r)=0$。上式的具体推导如下：

$$\frac{\partial}{\partial t} u(r,t) = \sum_{q=0}^{\infty} u_q(r) \frac{\mathrm{d}}{\mathrm{d}t} \phi_q(t) = u_0(r) \frac{\mathrm{d}}{\mathrm{d}t} \phi_0(t) + \sum_{q=1}^{\infty} u_q(r) \frac{\mathrm{d}}{\mathrm{d}t} \phi_q(t)$$

$$= u_0(r) \left(-\sqrt{\frac{1}{2}} \phi_1(t) \right) + \sum_{q=1}^{\infty} u_q(r) \left(\sqrt{\frac{q}{2}} \phi_{q-1}(t) - \sqrt{\frac{q+1}{2}} \phi_{q+1}(t) \right)$$

$$\overset{m=q-1}{=} u_0(r) \left(-\sqrt{\frac{1}{2}} \phi_1(t) \right)$$

$$\quad + \sum_{m=0}^{\infty} u_{m+1}(r) \left(\sqrt{\frac{m+1}{2}} \phi_m(t) - \sqrt{\frac{m+2}{2}} \phi_{m+2}(t) \right)$$

$$= \sum_{m=0}^{\infty} u_{m+1}(r) \sqrt{\frac{m+1}{2}} \phi_m(t) + u_0(r) \left(-\sqrt{\frac{1}{2}} \phi_1(t) \right)$$

$$\quad + \sum_{m=0}^{\infty} u_{m+1}(r) \left(-\sqrt{\frac{m+2}{2}} \phi_{m+2}(t) \right) \tag{2.7}$$

式中，

$$u_0(r)\left(-\sqrt{\frac{1}{2}}\phi_1(t)\right)+\sum_{m=0}^{\infty}u_{m+1}(r)\left(-\sqrt{\frac{m+2}{2}}\phi_{m+2}(t)\right)$$

$$\stackrel{k=m+2}{=\!=\!=}u_0(r)\left(-\sqrt{\frac{1}{2}}\phi_1(t)\right)+\sum_{k=2}^{\infty}u_{k-1}(r)\left(-\sqrt{\frac{k}{2}}\phi_k(t)\right)$$

$$=\sum_{k=0}^{\infty}u_{k-1}(r)\left(-\sqrt{\frac{k}{2}}\phi_k(t)\right) \tag{2.8}$$

将式 (2.8) 代入式 (2.7) 得

$$\frac{\partial}{\partial t}u(r,t)=\sum_{m=0}^{\infty}u_{m+1}(r)\sqrt{\frac{m+1}{2}}\phi_m(t)+\sum_{k=0}^{\infty}u_{k-1}(r)\left(-\sqrt{\frac{k}{2}}\phi_k(t)\right)$$

$$\stackrel{m=q,k=q}{=\!=\!=}\sum_{q=0}^{\infty}\left(\sqrt{\frac{q+1}{2}}u_{q+1}(r)-\sqrt{\frac{q}{2}}u_{q-1}(r)\right)\phi_q(t) \tag{2.9}$$

时频基同型的特点是指 AH 基函数为傅里叶变换的特征函数，其频谱为与时域相似形状的函数：

$$F(\phi_q(t))=(-\mathrm{j})^q\sqrt{2\pi}\phi_q(\omega) \tag{2.10}$$

这个特点为后文 AH 转移矩阵的计算和 AH FDTD 方法处理频率相关问题奠定了基础。

紧支撑特点是 AH 基函数的另一个重要性质[120]。从图 2.1 可直观地看出，虽然 AH 基函数的自变量范围为 $-\infty$ 到 $+\infty$，但主要集中在有限区间，区间大小会随着阶数 Q 的增大而增大。再结合式 (2.10)，可以看出频域也是有限支撑的，且区间也会随着阶数的增长而增长。但时频区间的增幅都会随着阶数的增加而慢慢减少，直到一种"极限"的有限支撑范围。根据这个最终的支撑范围，就能得到理想的尺度因子 l 和阶数 Q，对任意有限支撑的信号进行分解和重构。这样的阶数在所有基函数中是最少的，因此最具紧支撑[120]。一般来说，这两个参数可以根据实际问题的需要设定，比如待分析的问题时频支撑区间为 T_s 和 F_s，则有限的 Q 维 AH 基函数空间的时频支撑区间 T_Q 和 F_Q 应覆盖这些区间，即满足 $T_s < T_Q$ 和 $F_s < F_Q$。而 T_Q 和 F_Q 可根据以下两个式子约束[121]：

$$T_Q\approx 2l\left(\sqrt{\pi Q/1.7}+1.8\right) \tag{2.11}$$

$$F_Q\approx\frac{\sqrt{\pi Q/1.7}+1.8}{2\pi l} \tag{2.12}$$

因此，可根据这两个约束关系得到最优的尺度因子 l 和阶数 Q。进一步，可以从图 2.2 中尺度因子 l 和阶数 Q 的动态变化关系来说明。由于从式 (2.11)~式 (2.12)

可得到有限 Q 维 AH 空间的时宽带宽积为 $W_Q = T_Q F_Q \approx \left(\sqrt{\pi Q/1.7} + 1.8\right)^2 / \pi$，因此，可以做出图 2.2 所示的不同阶数的曲线簇。若问题所需的时宽和带宽分别为图中的 T_s 和 F_s，时宽带宽积就为 $W_s = T_s F_s$，则覆盖其分布的最小阶曲线能找到，这样最小的 Q 也就能找到，同时也能找到使得基函数的时宽带宽恰好等于问题所需时宽带宽时的尺度因子 l，如图中最小的 Q 为 2，此时计算出 l 为 0.12。此时的阶数和尺度因子应该最优。若减小或增大尺度因子，则都需牺牲一定的阶数来覆盖问题所需要的时频区间，如图中 $l = 0.09$ 时，Q 至少取 6；而 $l = 0.18$ 时，Q 至少取 8。

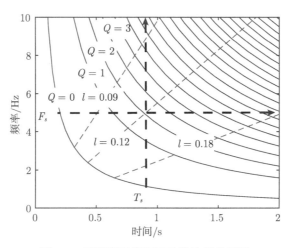

图 2.2 平移和尺度因子参数选择关系图

如果对于因果且有限支撑的信号，像瞬态电磁场的信号，则需另外再引入一个平移因子 T_f，以实现对其分解和重构[121]。对于平移因子 T_f 一般可以选取 $T_f = T_s/2$。最终，若经过平移和尺度变换之后的时间变量为 $\tilde{t} = (t - T_f)/l$，则式 (2.4)~式 (2.6) 可以依次修改为

$$u(r, t) = \sum_{q=0}^{\infty} u_q(r) \phi_q(\tilde{t}) \tag{2.13}$$

$$u_q(r) = \frac{1}{l} \int u(r, t) \phi_q(\tilde{t}) \, \mathrm{d}t \tag{2.14}$$

$$\frac{\partial}{\partial t} u(r, t) = \frac{1}{l} \sum_{q=0}^{\infty} \left(\sqrt{\frac{q+1}{2}} u_{q+1}(r) - \sqrt{\frac{q}{2}} u_{q-1}(r) \right) \phi_q(\tilde{t}) \tag{2.15}$$

图 2.3 为某高斯微分信号及其微分信号展开和重构的示意图。原始信号如图 2.3(a) 所示，其微分信号如图 2.3(b) 所示，它们的展开系数可以通过式 (2.14) 计

算得到, 其结果分别如图 2.3(c) 和图 2.3(d) 所示。利用这些展开系数可以完美地重构原始信号及其微分信号, 这可以从图 2.3(a) 和图 2.3(b) 中看出。进一步, 图 2.3(b) 中还给出了原始信号先通过频域微分算子 $j\omega$, 然后经过逆傅里叶变换 (IFFT) 得到的微分信号以及直接由图 2.3(c) 中的展开系数和式 (2.15) 重构得到微分信号的计算结果, 可以看出这两种方法和原始微分信号保持一致。而后面这种直接通过 AH 展开系数计算微分信号或者其展开系数的过程是接下来关注的重点, 也是 AH FDTD 方法开展的基础。

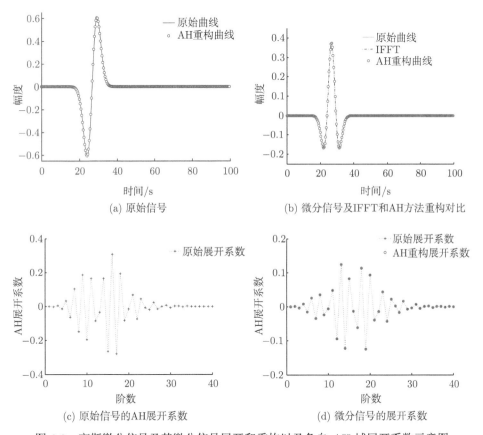

(a) 原始信号

(b) 微分信号及IFFT和AH方法重构对比

(c) 原始信号的AH展开系数

(d) 微分信号的展开系数

图 2.3 高斯微分信号及其微分信号展开和重构以及各自 AH 域展开系数示意图

2.2 AH 系统转移矩阵

2.1 节中描述的直接通过信号的 AH 域展开系数重构其微分信号的过程实质上表征了一种微分系统的转移关系, 本节在此基础上讨论更一般的有限维 AH 基函数空间下具有 "时频桥" 功能的系统转移矩阵, 它代表了更一般的系统转移关系。

对于某线性系统 $h(t)$ 或 $H(j\omega)$，若输入信号为 $u(t)$，输出信号为 $y(t)$，且它们在一个 Q 维 AH 基函数空间下的展开系数记为列向量 U 和 Y。如 U 可表示为

$$U = \begin{bmatrix} u_0 \\ \vdots \\ u_{Q-1} \end{bmatrix} \tag{2.16}$$

根据信号的线性表示与线性算子理论[120,122]，U 和 Y 的关系可以通过一个矩阵来建立

$$Y = H_{ah(H(j\omega))}^{\text{Trans}} U \tag{2.17}$$

式中，$H_{ah(H(j\omega))}^{\text{Trans}}$ 定义为 $h(t)$ 或 $H(j\omega)$ 的 AH 域系统转移矩阵，简写为 H_{ah}^{Trans}。对于转移矩阵的计算可通过以下 4 种方式进行：

1) 通过 $h(t)$ 计算 H_{ah}^{Trans}

H_{ah}^{Trans} 中位于 (p,q) 处的元素为[120]

$$H_{ah(p,q)}^{\text{Trans}} = \langle \phi_q(t) \otimes h(t), \phi_p(t) \rangle \tag{2.18}$$

这种方法比较直接，但需要运用卷积运算，在实际计算中并不常用。

2) 通过 $H(j\omega)$ 计算 H_{ah}^{Trans}

对式 (2.18) 进行频域变换，可以避免卷积，并结合式 (2.10) 得

$$\begin{aligned} H_{ah(p,q)}^{\text{Trans}} &= \langle F(\phi_q(t)) H(j\omega), F(\phi_p(t)) \rangle \\ &= \left\langle (-j)^q \sqrt{2\pi} \phi_q(\omega) H(j\omega), (-j)^p \sqrt{2\pi} \phi_p(\omega) \right\rangle \\ &= 2\pi \left\langle (-j)^q \phi_q(\omega) H(j\omega), (-j)^p \phi_p(\omega) \right\rangle \end{aligned} \tag{2.19}$$

3) 通过 $u(t)$ 和 $y(t)$ 计算 H_{ah}^{Trans}

这种情况下需要先对输入输出进行傅里叶变换，求得系统函数 $H(j\omega)$ 再转化为第二种方式计算。

4) 通过 U 和 Y 计算 H_{ah}^{Trans}

可以考虑采用基函数时频同型的特点，直接用这些展开系数重构输入输出的频谱，求得系统函数，再转化为第二种情况。直接用展开系数求系统函数的公式为

$$H(j\omega) = \frac{\sum_{q=0}^{Q-1} y_q (-j)^q \sqrt{2\pi} \phi_q(\omega)}{\sum_{q=0}^{Q-1} u_q (-j)^q \sqrt{2\pi} \phi_q(\omega)} \tag{2.20}$$

式 (2.20) 在 6.2 节中应用 AH FDTD 方法计算屏蔽效能时将用到。

对于以上 4 种 AH 转移矩阵的计算，本质上都是对系统的整体代入计算，并没有使用系统的具体结构和参数。换句话说，这种计算是 "黑箱式" 的，对任意系统都适用，只需知道具体的频率数据即可。假若知道系统的模型和参数，那么能否快速地求解系统转移矩阵，或者实现 "分解式" 的求解呢? 答案是肯定的，接下来继续讨论。

2.3　AH 线性算子

事实上，2.2 节中的微分系统给了我们一个很好的启示。本节以微分系统的转移矩阵为基础，建立 AH 线性算子的概念。利用微分线性算子作为系统转移矩阵的基本单元构建线性算子函数进行转移矩阵 "分解式" 的求解，从而拓展了线性算子的内涵。逐步建立了一套包括 AH 微分算子、二阶微分算子、积分算子、有理算子和平移线性算子的 AH 线性算子新体系。基于这些线性算子，提出基于 AH 转移矩阵建立 "时频桥" 的新思想。"时频桥" 联系了时域和频域，通过展开系数的计算代替了时域或频域的计算，由于它是有限维的，在高效数值计算中将发挥其优势作用，这也是后文提出高效且无条件稳定的 AH FDTD 方法的基础。

2.3.1　AH 微分算子

AH 微分算子为时频桥最核心的单元，也是最基本的 AH 线性算子。事实上，在前面两节中已经涉及。具体地，对于某微分系统 $H(\mathrm{j}\omega) = \mathrm{j}\omega$，若输入信号为 $u(t)$，输出信号为 $y(t) = u^{(-1)}(t)$，它们的 AH 域展开系数分别记为 U 和 $U^{(1)}$。则由式 (2.6) 可以得到 U 和 $U^{(1)}$ 的关系:

$$U^{(1)} = \begin{bmatrix} u_0^{(1)} \\ \vdots \\ u_{Q-1}^{(1)} \end{bmatrix} = \frac{\sqrt{2}}{2} \begin{bmatrix} -\sqrt{1} & \sqrt{1} & & & \\ & -\sqrt{1} & \sqrt{2} & & \\ & & -\sqrt{2} & \ddots & \\ & & & \ddots & \sqrt{Q-1} \\ & & & & -\sqrt{Q-1} \end{bmatrix}_{Q \times Q} \cdot \begin{bmatrix} u_0 \\ \vdots \\ u_{Q-1} \end{bmatrix} \tag{2.21}$$

根据 2.2 节中 AH 系统转移矩阵的定义，可以直接得到该系统的 AH 系统转移矩阵为

$$H_{ah}^{\mathrm{Trans}} = H_{ah(\mathrm{j}\omega)}^{\mathrm{Trans}} = \frac{\sqrt{2}}{2} \begin{bmatrix} -\sqrt{1} & \sqrt{1} & & & \\ & -\sqrt{1} & \sqrt{2} & & \\ & & -\sqrt{2} & \ddots & \\ & & & \ddots & \sqrt{Q-1} \\ & & & & -\sqrt{Q-1} \end{bmatrix}_{Q \times Q} \tag{2.22}$$

因此，$H_{ah(j\omega)}^{\mathrm{Trans}}$ 的计算并不需要 2.2 节中提到的 4 种方法。在此，记 $H_{ah(j\omega)}^{\mathrm{Trans}}$ 为 AH 域一阶微分算子，并将该算子简写为 "α"。这样，U 和 $U^{(1)}$ 的关系可以写成

$$U^{(1)} = \alpha U \tag{2.23}$$

如果考虑尺度因子 l，则可以结合式 (2.15) 得到尺度化的微分算子 $\alpha_{(l)} = \alpha/l$。因此，考虑尺度因子的 U 和 $U^{(1)}$ 的关系可以写成

$$U^{(1)} = \alpha_{(l)}U = \frac{1}{l}\alpha U \tag{2.24}$$

尺度化的 AH 域一阶微分算子可记为 $\alpha_{(l)}$。为了清晰起见，后文如不特殊说明，将尺度化的一阶微分算子也统一记为 α，只是在具体计算时加以区别。

因此，AH 域的微分算子 α 在 AH 域起的作用等同于时域微分算子 $\dfrac{\mathrm{d}}{\mathrm{d}t}$ 在时域或频域微分算子 $\mathrm{j}\omega$ 在频域起的作用，即有如下等价关系：

$$\frac{\mathrm{d}}{\mathrm{d}t} \Leftrightarrow \alpha \Leftrightarrow \mathrm{j}\omega \tag{2.25}$$

以上的 AH 微分算子为矩阵表示形式，实际上后文中还用到了它的向量表示形式，即用它的特征值作为计算基本单元参与算子运算，在此先作简单介绍。

先对 α 矩阵进行特征值分解

$$\alpha X = XV \tag{2.26}$$

式中，$X = \{x_0, x_1, \cdots, x_{Q-1}\}$ 为特征值向量矩阵，$X^{-1} = X^{\mathrm{T}}$；$V = \mathrm{diag}\{\lambda_0, \lambda_1, \cdots, \lambda_{Q-1}\}$ 为所有特征值组成的对角矩阵。然后对式 (2.23) 进行特征值变换得到特征值域下的向量点乘运算

$$U^{*(1)} = \lambda \cdot U^* \tag{2.27}$$

式中，$U^* = X^{\mathrm{T}}U$，$U^{*(1)} = X^{\mathrm{T}}U^{(1)}$，以及

$$\lambda = \begin{bmatrix} \lambda_0 \\ \vdots \\ \lambda_{Q-1} \end{bmatrix} \tag{2.28}$$

则 λ 可记为 AH 一阶微分线性算子的向量表示形式。因此，可将式 (2.25) 更新为

$$\frac{\mathrm{d}}{\mathrm{d}t} \Leftrightarrow (\alpha, \lambda) \Leftrightarrow \mathrm{j}\omega \tag{2.29}$$

微分矩阵 α 的特点为反对称性。根据反对称矩阵的性质[123]，其特征值 λ 为纯

虚数且具有共轭性, 若 Q 为偶数, 则正好有 $\dfrac{Q}{2}$ 组共轭特征值对。需要说明的是, 为简化分析而不失一般性, 本书对 Q 的讨论都是基于偶数情况, 因为与之相邻的奇数阶对信号分析的完整性情况来说影响甚微。

α 特征值的计算可以数值求解, 如借助 Matlab 等数学工具, 也可研究其解析方法求解。图 2.4 描述了通过数值计算得到不同 Q 阶时的特征值虚部曲线簇分布规律。这些曲线簇的数值结果可采取数据表格的形式存储起来, 方便后期数值计算的直接调用。也就是说, 当基函数阶数确定后, 其中的一条曲线就对应其特征值的分布, 如图 2.4 中 $Q = 80$ 时的分布曲线。值得注意的是, 由于特征值理论上都为纯虚数, 但数值求解得到的特征值依然有很小的实部, 因此仅对特征值的虚部进行主要分析。另外, 图 2.4 也描述了一条通过数值拟合的方式对其特征值虚部最大值进行拟合的曲线, 根据这条曲线得到如下近似公式:

$$\max\{\mathrm{imag}(\lambda_q)\} = 2\sqrt{Q/2} - 0.656 \tag{2.30}$$

该经验性公式在 AH FDTD 高效方法中得到了应用。例如, 阶数 $Q = 80$ 时, 直接可以得到特征值虚部最大值近似为 12, 通过这个最大值可以为高效方法的参数选取提供依据, 后文将具体详述这个问题。

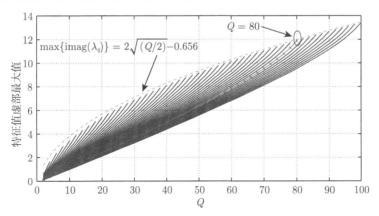

图 2.4　微分矩阵特征值虚部曲线簇及最大值拟合曲线

2.3.2　AH 有理算子

根据 2.3.1 小节中 AH 微分线性算子的介绍, 不难得到更一般的有理系统 AH 有理算子。就像时域或频域中的微分算子能作为一般有理系统的基本单元一样, 也能将微分算子 α 作为一般系统转移矩阵的基本单元。因此, 可以用 α 的算子函数 $H_{ah}(\alpha)$ 来表征 AH 域下的系统矩阵, 即

$$H_{ah}^{\mathrm{Trans}} = H_{ah}(\alpha) \tag{2.31}$$

　　下面具体讨论二阶微分系统、积分系统、一般多项式阶系统的算子背景下的 AH 系统转移矩阵等内容。这些内容将在后文的 AH FDTD 方法处理色散、PML 吸收边界等应用中得到充分体现。

　　若以算子函数 $H_{ah}(\alpha) = \alpha$ 来表示 AH 一阶微分线性算子,则二阶微分线性算子可表示为 $H_{ah}(\alpha) = \alpha^2$,积分线性算子可表示为 $H_{ah}(\alpha) = \alpha^{-1}$,依次类推就能得到一般线性系统的 AH 域有理算子:

$$H_{ah}(\alpha) = \frac{I + a_1\alpha + \cdots + a_N\alpha^N}{b_1 I + b_2\alpha + \cdots + b_M\alpha^M} \tag{2.32}$$

式中,I 为 Q 阶单位矩阵。这样,线性系统所有的时频域关系可以用 AH 域的微分算子函数 $H_{ah}(\alpha)$ 来表征和对接。换句话说,AH 域的微分算子函数 $H_{ah}(\alpha)$ 起到了时频连接的桥梁作用。我们定义其为"时频桥",如图 2.5 所示。正如 2.4.1 小节中介绍的 AH 微分算子除有矩阵 α 的表示形式外,还有基于特征值组成的向量 λ 的表示形式,微分算子函数也可有基于向量算子单元 λ 的表示形式 $H_{ah}(\lambda)$。由于它们有相同的特征值向量,因此有相同的特征值变换矩阵,这一点将在 AH 系统辨识及 AH FDTD 方法中得到具体应用。表 2.1 列出了有理线性系统在时域、频域和 AH 域相应的算子对应关系。

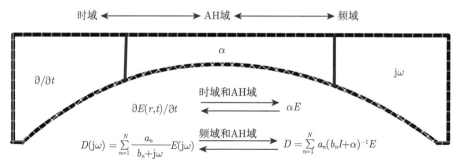

图 2.5　AH"时频桥"示意图

表 2.1　AH 域有理线性算子和时频域算子对应关系

有理线性算子	时域$h(t)$	频域$H(j\omega)$	AH 系统转移矩阵 H_{ah}^{Trans}	
			矩阵算子 $H_{ah}(\alpha)$	向量算子 $H_{ah}(\lambda)$
单位	$\delta(t)$	1	I	1
微分	$\dfrac{\mathrm{d}}{\mathrm{d}t}$	$j\omega$	α	λ
二阶微分	$\dfrac{\mathrm{d}^2}{\mathrm{d}t^2}$	$(j\omega)^2$	α^2	λ^2
积分	$\int \mathrm{d}t$	$\dfrac{1}{j\omega}$	α^{-1}	λ^{-1}
一般线性系统	——	$\dfrac{1+a_1 j\omega + \cdots + a_N(j\omega)^N}{b_1 + b_2 j\omega + \cdots + b_M(j\omega)^M}$	$\dfrac{I + a_1\alpha + \cdots + a_N\alpha^N}{b_1 I + b_2\alpha + \cdots + b_M\alpha^M}$	$\dfrac{1 + a_1\lambda + \cdots + a_N\lambda^N}{b_1 + b_2\lambda + \cdots + b_M\lambda^M}$

下面对几个特殊的线性算子函数做简单证明:

1) 二阶微分线性算子: $H_{ah}(\alpha) = \alpha^2$

结合式 (2.3)~式 (2.6) 的推导, 可得二阶微分的 AH 基函数展开形式

$$\frac{\partial^2}{\partial t^2} u(r,t) = \frac{1}{2} \sum_{q=0}^{\infty} \left[\sqrt{q+2}\sqrt{q+1} u_{q+2}(r) \right.$$
$$\left. - (2q+1) u_q(r) + \sqrt{q}\sqrt{q-1} u_{q-2}(r) \right] \phi_q(t) \qquad (2.33)$$

注意式 (2.33) 中 $u_{-1}(r)=0$, $u_{-2}(r)=0$。若该二阶微分信号的 AH 域表示形式为

$$U^{(2)} = \begin{bmatrix} u_0^{(2)} \\ \vdots \\ u_{Q-1}^{(2)} \end{bmatrix} \qquad (2.34)$$

则可以得到 U 和 $U^{(2)}$ 的关系:

$$U^{(2)} = \begin{bmatrix} u_0^{(2)} \\ \vdots \\ u_{Q-1}^{(2)} \end{bmatrix}$$

$$= \begin{bmatrix} -1 & & \sqrt{1}\sqrt{2} & & & \\ & -3 & & & & \\ \sqrt{1}\sqrt{2} & & -5 & & & \\ & & & \ddots & & \\ & & & & \ddots & & \sqrt{Q-1}\sqrt{Q} \\ & & & & -(2Q-3) & \\ & & \sqrt{Q-1}\sqrt{Q} & & & -(2Q-1) \end{bmatrix}_{Q \times Q} \begin{bmatrix} u_0 \\ \vdots \\ u_{Q-1} \end{bmatrix} \qquad (2.35)$$

将式 (2.22) 中 α 平方后发现可以替代式 (2.35) 中的系数矩阵, 因此式 (2.35) 可以写成

$$U^{(2)} = \alpha^2 U \qquad (2.36)$$

2) 积分线性算子: $H_{ah}(\alpha) = \alpha^{-1}$

根据 AH 基函数的时频同型性, 对于积分系统从频域进行分析。先将频域积分式 $u^{(-1)}(r,j\omega) = \dfrac{u(r,j\omega)}{j\omega}$ 等价转换为 $u(r,j\omega) = j\omega u^{(-1)}(r,j\omega)$, 若 $u^{(-1)}(r,j\omega)$ 的 AH 域表示形式为

$$U^{(-1)} = \begin{bmatrix} u_0^{(-1)} \\ \vdots \\ u_{Q-1}^{(-1)} \end{bmatrix} \tag{2.37}$$

则根据微分关系式 (2.23) 可得 $U = \alpha U^{(-1)}$，由于 α 可逆，因此得

$$U^{(-1)} = \alpha^{-1} U \tag{3.38}$$

事实上，α 可逆很重要，这也是 AH FDTD 方法成立的基础，更是产生 AH 类系列 FDTD 方法的基础。像 Laguerre 基函数的微分矩阵不可逆，因此它不能采取像 AH FDTD 一样的求解办法。

3) 一般系统线性算子：$H_{ah}(\alpha) = \dfrac{I + a_1\alpha + \cdots + a_N\alpha^N}{b_1 I + b_2\alpha + \cdots + b_M\alpha^M}$

事实上，通过以上二阶微分和积分系统的证明，可以直接得到一般系统的证明。例如，CFS-PML 吸收边界中尺度化的电场分量为 $E_s(r, \mathrm{j}\omega) = \dfrac{E(r, \mathrm{j}\omega)}{s}$，其中，$s = \kappa + \dfrac{\sigma}{\eta + \mathrm{j}\omega\varepsilon_0}$，该模型可以等价转化到

$$E_s(r, \mathrm{j}\omega) = \frac{\eta + \mathrm{j}\omega\varepsilon_0}{\kappa(\eta + \mathrm{j}\omega\varepsilon_0) + \sigma} E(r, \mathrm{j}\omega) \tag{2.39}$$

整理得到 $(\kappa\eta + \sigma + \mathrm{j}\omega\kappa\varepsilon_0) E_s(r, \mathrm{j}\omega) = (\eta + \mathrm{j}\omega\varepsilon_0) E(r, \mathrm{j}\omega)$，再根据微分关系式 (2.23) 得

$$E_s = \frac{\eta I + \varepsilon_0 \alpha}{(\kappa\eta + \sigma) I + \kappa\varepsilon_0 \alpha} E \tag{2.40}$$

或者，式 (2.40) 也可直接通过对 $s = \dfrac{\kappa + \sigma}{\eta + \mathrm{j}\omega\varepsilon_0}$ 进行 $l \to I$ 和 $\mathrm{j}\omega \to \alpha$ 的替换得到。

下面以微分系统 $H(\mathrm{j}\omega) = \mathrm{j}\omega$ 和某一阶有理系统为例，从数值计算角度作进一步的说明和验证，如图 2.6 和图 2.7 所示。其中，有理系统的系统函数为

$$H(\mathrm{j}\omega) = \frac{1 + 0.1\mathrm{j}\omega + 0.6\,(\mathrm{j}\omega)^2}{2 + 0.3\mathrm{j}\omega + 0.4\,(\mathrm{j}\omega)^2 + 1\,(\mathrm{j}\omega)^3} \tag{2.41}$$

对这两种系统，分别计算它们的 AH 系统转移矩阵 H_{ah}^{Trans} 及 AH 线性算子 $H_{ah}(\alpha)$，并作出相应的幅值图进行对比。然后计算某高斯微分信号经过系统后的响应，并与频域 FFT 方法的结果进行对比，画出相对误差图。

从图 2.6 和图 2.7 可以看出，AH 线性算子函数和系统转移矩阵幅值十分吻合，同时高斯微分信号经过系统后的响应也保持一致，并且和频域 FFT 计算结果的相对误差很小，几乎都在 $-60\mathrm{dB}$ 以下。因此，也进一步说明了 AH 线性算子函数能"分解式"地求解 AH 系统转移矩阵，"时频桥"理论在数值上正确。

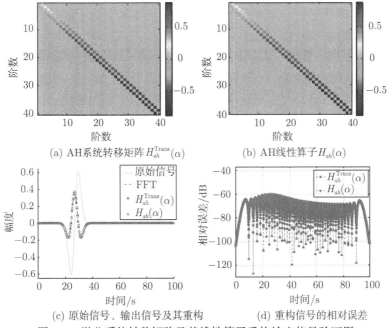

(a) AH系统转移矩阵$H_{ah}^{\mathrm{Trans}}(\alpha)$ (b) AH线性算子$H_{ah}(\alpha)$

(c) 原始信号、输出信号及其重构 (d) 重构信号的相对误差

图 2.6 微分系统转移矩阵及其线性算子重构输出信号验证图

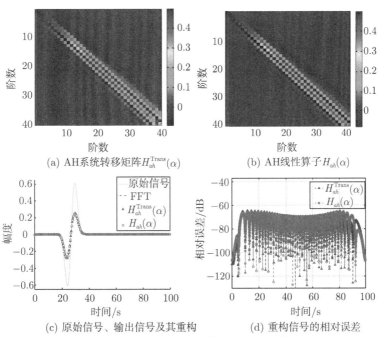

(a) AH系统转移矩阵$H_{ah}^{\mathrm{Trans}}(\alpha)$ (b) AH线性算子$H_{ah}(\alpha)$

(c) 原始信号、输出信号及其重构 (d) 重构信号的相对误差

图 2.7 有理系统转移矩阵及其算子重构输出信号验证图

2.3.3   AH 平移算子

对于时延系统, 即 $h(t) = \delta(t - \tau)$ 或者 $H(j\omega) = e^{-j\omega\tau}$, 它的 AH 微分算子 $H_{ah(e^{-j\omega\tau})}(\alpha)$ 如何计算呢? 是不是也采取直接替换 $j\omega \rightarrow \alpha$? 经研究发现, 直接替换不正确。应先将指数函数 e^t 展开成关于 t 的多项式, 然后再结合前文分析的有理算子进行计算。关于 e^{-t} 的多项式逼近方法有很多, 这里给出以下两种方式。

1) 有理多项式拟合法 (polyfit)

按照 e^{-t} 在 $[0, 1]$ 上最佳 n 次平方逼近

$$e^{-t} = \sum_{k=0}^{K} a_k t^k \tag{2.42}$$

式中, a 是所求的多项式的系数, 该方法本质上是最小二乘法。a 由以下关系确定:

$$\begin{cases} Ha = d \\ d_k = \int_0^1 e^t t^k dt \\ H_{j,k} = \int_0^1 t^{k+j} dt \end{cases} \tag{2.43}$$

由于该方法得到的系数矩阵在高阶时是严重病态的, 所以一般先将多项式 t^k 取为某正交的函数族, 最后再得到关于 t 的多项式序列。

2) Hermite 多项式展开法

由于 e^t 可由 Hermite 多项式 $H_n(t)$ 展开[124]: $e^t = \sum_{n=0}^{\infty} \dfrac{e^{\frac{1}{4}}}{2^n n!} H_n(t)$, 因此也可将其改写为

$$e^t = e^{\frac{1}{4}} \sum_{n=0}^{\infty} H_n^*(t) \tag{2.44}$$

式中, $H_n^*(t) = \dfrac{1}{2^n n!} H_n(t)$, 再根据 Hermite 多项式 $H_n(t)$ 递推关系式 (2.2), 可得 $H_n^*(t)$ 的递推关系:

$$\begin{cases} H_0^*(t) = 1 \\ H_1^*(t) = t \\ \quad\vdots \\ H_n^*(t) = \dfrac{t H_{n-1}^*(t) - H_{n-2}^*(t)/2}{n}, n \geqslant 2 \end{cases} \tag{2.45}$$

最后, 将式 (2.44) 和式 (2.45) 中的 t 替换为 $-t$ 可以得到 e^{-t} 的递推计算公式。

图 2.8 显示了以上两种方法在阶数为 40 阶且考虑尺度因子 $\tau = 0.05$ 时对指数函数 $e^{-0.05t}$ 的逼近拟合结果。可以看出, 两种方法计算得到的结果都和原始指

数函数曲线相吻合，并且具有相当高的精度，相对于真实曲线的相对误差均低于 -260dB。另外，相比较而言，Hermite 多项式法具有更高的精度。

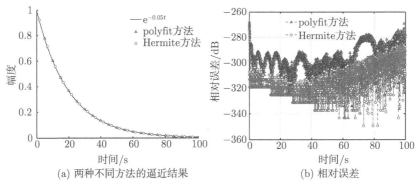

(a) 两种不同方法的逼近结果   (b) 相对误差

图 2.8   指数函数 $\mathrm{e}^{-0.05t}$ 的逼近

通过以上分析可知，指数函数可以用有限阶有理多项式来逼近。因此，根据前面 AH 有理算子的计算规律，则平移系统 $H(\mathrm{j}\omega) = \mathrm{e}^{-\mathrm{j}\omega\tau}$ 的 AH 域转移矩阵 $H_{ah}^{\mathrm{Trans}} = H_{ah(\mathrm{e}^{-\mathrm{j}\omega\tau})}^{\mathrm{Trans}}$ 便可以采取 "替换式" 得到，也就得到了 AH 平移算子 $H_{ah(\mathrm{e}^{-\mathrm{j}\omega\tau})}(\alpha)$。下面以一个平移算例作进一步分析，如图 2.9 所示。

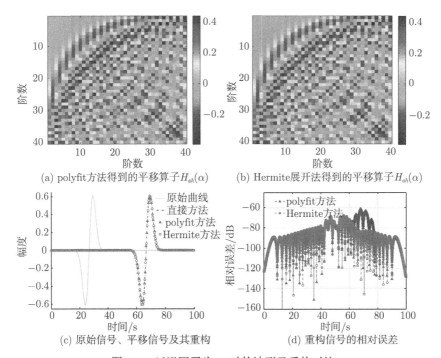

(a) polyfit方法得到的平移算子$H_{ah}(\alpha)$ (b) Hermite展开法得到的平移算子$H_{ah}(\alpha)$

(c) 原始信号、平移信号及其重构   (d) 重构信号的相对误差

图 2.9   延迟因子为 τ 时的波形及重构对比

比如要对高斯微分信号进行 $\tau=40\mathrm{s}$ 的平移，则分别采取了 polyfit 方法和 Hermite 多项式法计算 AH 平移算子，如图 2.9(a) 和图 2.9(b)，然后用平移算子和原始信号的展开系数计算平移信号，并和直接平移得到的结果进行比较，如图 2.9(c) 所示，可以看出三者波形吻合。另外，图 2.9(d) 显示了这两种方法相对直接平移结果的相对误差。综上，可以验证平移算子的正确性。

值得注意的是，如果平移因子 τ 选取过大，则直接一次平移可能有误差，甚至误差很大。可以采取 "小步多次" 的方式计算。这种情况在第 4 章中介绍平面波引入时会用到。因为平面波的引入会遇到一系列平移波的计算，而这样的一系列平移系统的冲击响应为 $h(t) = \delta(t - \tau(n))$，其中 $\tau(n) = n\tau_0$，τ_0 为最小单位的延迟量，$n = 1, 2, \cdots$。若对每一个时刻 n 计算一次，则会消耗很多的计算资源，因为需要重复这样的计算。从频域角度看，系统函数可写为 $H(\mathrm{j}\omega) = \mathrm{e}^{-\mathrm{j}\omega n\tau_0} = \left(\mathrm{e}^{-\mathrm{j}\omega\tau_0}\right)^n$，假若令 $H_0(\mathrm{j}\omega) = \mathrm{e}^{-\mathrm{j}\omega\tau_0}$，对应的 AH 域平移算子已通过上述分析求得，记为 $H_{ah_0}(\alpha)$，则根据前面分析的多项式替换规律，可得系统 $H(\mathrm{j}\omega)$ 对应的 AH 线性算子为

$$H_{ah}(\alpha) = \left(H_{ah_0}(\alpha)\right)^n \tag{2.46}$$

这样的 τ_0 可以任意选取，一般来说取相对较小的值效果会更好。在实际计算中，可采取 "先缩小、再放大" 的方式进行。具体来说，选取适当的正整数尺度因子 k，得到 $H(\mathrm{j}\omega) = \left(\mathrm{e}^{-\mathrm{j}\omega\tau_0/k}\right)^{nk}$，令 $H_0^*(\mathrm{j}\omega) = \mathrm{e}^{-\mathrm{j}\omega\tau_0/k}$，最后得到系统 $H(\mathrm{j}\omega)$ 的 AH 线性算子

$$H_{ah}(\alpha) = \left(H_{ah_0}^*(\alpha)\right)^{nk} \tag{2.47}$$

式中，$H_{ah_0}^*(\alpha)$ 为 $H_0^*(\mathrm{j}\omega)$ 的 AH 线性算子，它实际上是在原来 $H_{ah_0}(\alpha)$ 的基础上缩小 k 倍的结果。

研究还发现，FFT 方法平移得到的计算结果具有循环延时性质，因此会出现 "不归零" 的情况，这一点将在第 6 章中具体说明，而 AH 平移算子能实现因果的平移，这对平面波引入十分重要。

2.4　基于 AH 转移矩阵的系统辨识

系统辨识是信号与系统分析中的基本问题。最终目标是在一定的模型背景下求解其传递函数的参数。本节借助 AH 域时频桥的思想，将时域或者频域的系统辨识问题先转化到 AH 域，借助 AH 基函数的特点寻求新的优化解决方案。这给系统辨识领域提供了一种新的研究思路。本节讨论的系统模型为一般有理分式模型和一阶有理分式模型。

2.4.1 AH 域一般有理系统辨识

考虑如下有理分式模型的系统

$$H\left(\mathrm{j}\omega\right) = \frac{1 + a_1\mathrm{j}\omega + \cdots + a_N\left(\mathrm{j}\omega\right)^N}{b_1 + b_2\mathrm{j}\omega + \cdots + b_M\left(\mathrm{j}\omega\right)^M} \tag{2.48}$$

对该系统辨识的目的是要求得式 (2.48) 中分子和分母的系数，即 $\{a_n\}$ 和 $\{b_m\}$，$n = 1, 2, \cdots, N; m = 1, 2, \cdots, M$。从前文分析中可知，AH 系统转移矩阵与 AH 线性算子和相等，也即联立式 (2.31) 和式 (2.32)，可得

$$\sum_{n=1}^{N} a_n\alpha^n - H_{ah}^{\mathrm{Trans}}\sum_{m=1}^{M} b_m\alpha^m = 0 \tag{2.49}$$

将式 (2.49) 变换到特征值域，可得特征多项式方程

$$\sum_{n=1}^{N} a_n\lambda_q^n - \lambda_q^{\mathrm{Trans}}\sum_{m=1}^{M} b_m\lambda_q^m = 0, (q = 1, 2, \cdots, Q) \tag{2.50}$$

式中，λ_q 和 $\lambda_q^{\mathrm{Trans}}$ 分别为 α 和 H_{ah}^{Trans} 的第 q 个特征值，可通过以下公式得到

$$\lambda_q^{\mathrm{Trans}} = x_q^{\mathrm{T}} H_{ah}^{\mathrm{Trans}} x_q \tag{2.51}$$

式中，x_q 为 α 的特征值 λ_q 对应的特征向量。由此，每一对 $(\lambda_q, \lambda_q^{\mathrm{Trans}})$ 都能通过方程 (2.50) 生成一个代数方程。而一般来说特征值的个数 Q 要多于方程 (2.50) 中待定系数 $\{a_n\}$ 和 $\{b_m\}$ 的个数，即 $Q \geqslant N + M$。这样就得到一组超定方程，可采取广义逆求解法求解。

下面结合矩阵算例进行分析和验证。

1) 无噪声情况下的系统辨识

对式 (2.41) 中的系统进行辨识，具体流程如图 2.10 所示。

为了验证 AH 域转移矩阵方法进行系统辨识的正确性及精度，将其辨识结果与直接利用频域数据进行最小二乘 (invfreqs) 的求解结果进行比较，如图 2.11 所示。

从图 2.11 可以看出，两种方法辨识得到的系统幅度特性和相位特性都能较好地和原始系统相吻合。相比之下，AH 系统辨识的精度略高于最小二乘法得到的结果。

2) 有噪声情况下的系统辨识

具体辨识流程为：首先，构造输入数据 $u\left(n\right)$；其次，利用所设计的系统函数 $H\left(\mathrm{j}\omega\right)$ 计算输出 $y\left(n\right)$，并对输出数据加入白噪声 $y_1\left(n\right) = y(n)+\mathrm{noise}$；再次，计算有外界噪声下的系统函数 $H_1\left(\mathrm{j}\omega\right) = Y_1\left(\mathrm{j}\omega\right)/U\left(\mathrm{j}\omega\right)$；最后，对该系统函数采取图 2.10 的辨识流程进行辨识。

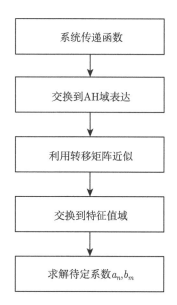

图 2.10   有理式传递函数系统辨识流程图

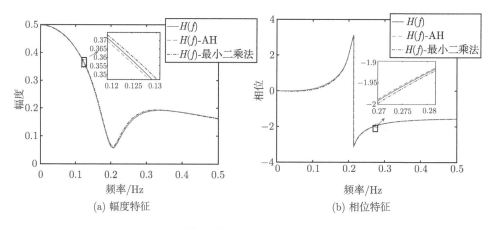

(a) 幅度特征   (b) 相位特征

图 2.11   AH 辨识结果和最小二乘法估计结果对比

图 2.12 为在输出数据加入信噪比为 30dB 高斯白噪声的情况下, 利用 AH 域转移矩阵和利用频域最小二乘法进行系统辨识的结果。可以看出在 30dB 噪声的影响下, 两种方法均能较好地进行系统辨识。但从局部放大的细节图可以发现, 在有噪声情况下, 利用 AH 域转移矩阵进行系统辨识的结果要优于利用频域最小二乘法辨识的结果。

进一步, 表 2.2 列出了两种方法辨识的系统参数及与原始参数的标准差对比。可以看出, AH 系统辨识的标准偏差要比最小二乘法辨识的结果小, 因此整体精度要略高。尤其是在有噪声干扰的情况下优势更明显，因此还具有一定的抗噪能力。

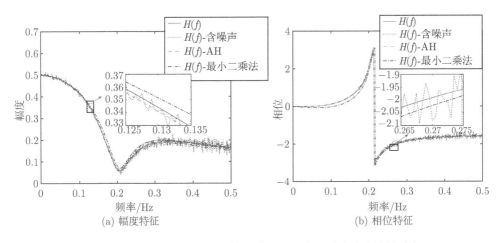

(a) 幅度特征   (b) 相位特征

图 2.12 有噪声背景下 AH 辨识结果和最小二乘法估计结果对比

表 2.2 AH 系统和频域直接最小二乘法的辨识结果对比

系统参数	原始值	无噪声情况		有噪声情况 (30dB)	
		AH	最小二乘法	AH	最小二乘法
a_1	0.1	0.097	0.099	0.096	0.097
a_2	0.6	0.599	0.584	0.601	0.563
b_1	2	2.006	1.941	2.003	1.893
b_2	0.3	0.291	0.441	0.294	0.695
b_3	0.4	0.396	0.391	0.386	0.380
b_4	1	0.999	1.000	1.006	1
标准差		0.0049	0.0681	0.0072	0.1792

2.4.2 AH 域一阶有理分式系统辨识

如果系统模型为基于一阶有理分式单元的逼近，那么常用的方法为矢量拟合 (vector fitting) 方法[125]。这种方法一般在频域进行，下面将其推广到 AH 域进行分析和研究。首先，系统模型 (2.48) 能改写为如下形式：

$$H\left(\mathrm{j}\omega\right) = c_0 + c_1\mathrm{j}\omega + \sum_{n=1}^{N}\frac{r_n}{\mathrm{j}\omega - p_n} \tag{2.52}$$

式中，c_0，c_1，r_n 和 p_n 为待定的系统参数。将此模型变换到 AH 域，可得 AH 域中的线性算子方程

$$\lambda_q^{\text{Trans}} \approx c_0 + c_1\lambda_q + \sum_{n=1}^{N} \frac{r_n}{\lambda_q - p_n} \ , (q = 1, 2, \cdots, Q) \tag{2.53}$$

因此，该问题转化成使目标函数

$$R = \sum_{q=0}^{Q-1} \left\| c_0 + c_1\lambda_q + \sum_{n=1}^{N} \frac{r_n}{\lambda_q - p_n} - \lambda_q^{\text{Trans}} \right\| \tag{2.54}$$

能取最小值时的最优参数问题。该问题可以采取矢量拟合的求解方法来解决。

基本的求解步骤可以概括如下：

步骤 1　最小二乘法计算 λ_q^{Trans}。先对 α 进行特征值分解，然后运用最小二乘法求解 $H_{ah}^{\text{Trans}} x_q = \lambda_q^{\text{Trans}} x_q$ 得到每一阶 H_{ah}^{Trans} 对应的特征值 λ_q^{Trans}，即式 (2.51)。

步骤 2　引入特征值有理分式逼近函数 $\sigma(\lambda) = 1 + \sum_{n=1}^{N} \dfrac{c_n}{\lambda - p_n}$，它满足 $\sigma(\lambda)$ $\lambda^{\text{Trans}} = G(\lambda)$，其中，$G(\lambda) = h_0 + \sum_{n=1}^{N} \dfrac{\tilde{c}_n}{\lambda_k - p_n}$，整理得

$$h_0 + \sum_{n=1}^{N} \frac{1}{\lambda_k - p_n}\tilde{c}_n - \sum_{n=1}^{N} \frac{\lambda_k}{\lambda_k - p_n}c_n = \lambda_k^{\text{Trans}} \tag{2.55}$$

步骤 3　最小二乘法解出式 (2.55) 中的 $\{\tilde{c}_n\}$ 和 $\{c_n\}$，用零点解法[127]求新的极点 p_n。

步骤 4　反复迭代。

相比频域的矢量拟合方法，AH 域的矢量拟合方法基于 AH 域线性向量算子进行。而向量的维度，即特征值个数一般远小于频域的数据量，因此，AH 域的方程数量将比频域的方程数要少，计算效率能得到提高。另外，正是因为较少的方程个数包含了原始频域的所有数据信息，数值精度会比频域方法更高。但这一点目前还没有得到数值验证，待下一步进行具体分析。

2.5　本 章 小 结

本章介绍了 AH 正交基函数及相关性质，建立了 AH 系统转移矩阵模型，以 AH 微分转移矩阵为基础，提出 AH 线性算子的概念及以微分线性算子为基本单元的"时频桥"新概念。研究了包括微分、有理多项式系统、平移系统等 AH 线性算子，但尺度线性算子没有具体涉及，有待下一步研究。另外，从 AH 线性算子的角

度重新阐述了信号重构、分解、系统辨识等经典问题，开拓了新的研究思路，为无条件稳定 AH FDTD 方法的提出奠定了基础。

值得注意的是，并不是只有 AH 基函数才可建立 "时频桥"，也并不是所有基函数都能建立 "时频桥"。如 6.7.1 节中研究的 Legendre 多项式，就属于能推广 "时频桥" 概念的基函数，而 Laguerre 基函数和 HR 基函数就不能推广，因此也就决定了它们无条件稳定方法求解方案的不同，具体在后文作进一步分析。

第3章 AH FDTD 方法

本章介绍基于 AH 正交基函数的时域有限差分 (FDTD) 无条件稳定新方法[108]。首先讲述 AH FDTD 方法的基本原理，其次推导二维 TEz 波和 Mur 吸收边界条件的 AH FDTD 基本公式，重点阐述方法的求解过程，总结方法的基本实施步骤；最后通过模拟电磁波在具有金属细缝和非均匀填充介质的平行波导中的传播，验证方法的正确性和有效性。

3.1 AH FDTD 方法基本原理

传统的 FDTD 方法是按时间步进的方式求解时域场分量。而根据信号变换理论，时域场分量的求解在某种正交基函数空间等价于展开系数的求解。根据这个思想，利用 AH 正交函数作为基函数对 Maxwell 方程组进行展开，并使用伽辽金原理消除时间变量，最终得到与基函数阶数相关的展开系数方程组，这样便建立了从时域到 AH 域的代数方程组，从而将时域场量的求解转化为 AH 域展开系数的求解，具体过程如图 3.1 所示。由于 AH 基函数微分的 "相邻阶" 特点，使得 AH 域的代数方程也呈现 "相邻阶" 的特点。但是这样的方程并不能采取按阶步进求解[66]，因为初始 0 阶和 1 阶的方程并不是一个封闭的方程，所以 0 阶和 1 阶的展开系数不能先求解得到，后面的阶数也就无法求解。基于以上考虑，采取联立空间所有展开系数并引入初值条件的方式得到嵌套系数矩阵，通过对五点隐式方程组进行求解得到所需场量的展开系数；最后，测点的时域结果就能通过这些展开系数重构得到。

相比传统 FDTD 方法，AH FDTD 方法有如下特点：

(1) 时域有限差分计算转化为有限维 AH 域空间计算。空间维数大小远远小于时间步进数目时，将大大减少未知量求解个数，实现高效计算。

(2) 整个计算过程不涉及时间变量，不受传统 FDTD 稳定性条件的限制，基函数时域采样间隔可以在满足计算精度要求的范围内任意调整，实现稳定计算。

(3) 按空间联立求解及引入初始条件的方法推导得到的五点隐式方程仅与磁场和激励源有关，实现电场或者磁场的 "独立求解"。

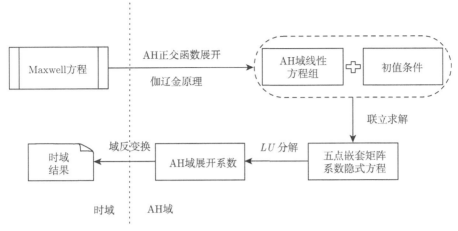

图 3.1 AH FDTD 方法实现基本原理

3.2 AH FDTD 方法公式推导

3.2.1 传播区域基本公式

考虑二维 TEz 波条件下均匀无耗媒介中传播的时域麦克斯韦方程

$$\frac{\partial}{\partial t} E_x(r,t) = \frac{1}{\varepsilon(r)} \frac{\partial}{\partial y} H_z(r,t) - \frac{J_x(r,t)}{\varepsilon(r)} \tag{3.1}$$

$$\frac{\partial}{\partial t} E_y(r,t) = -\frac{1}{\varepsilon(r)} \frac{\partial}{\partial x} H_z(r,t) - \frac{J_y(r,t)}{\varepsilon(r)} \tag{3.2}$$

$$\frac{\partial}{\partial t} H_z(r,t) = \frac{1}{\mu(r)} \frac{\partial}{\partial y} E_x(r,t) - \frac{1}{\mu(r)} \frac{\partial}{\partial x} E_y(r,t) \tag{3.3}$$

由于电磁场为因果的场，根据 2.2 节的分析，可以选取经过平移和尺度变换后的一组 AH 基函数 $\left\{\phi_q(\tilde{t}), \tilde{t} = (t - T_f)/l\right\}$ 对式 (3.1)~式 (3.3) 进行展开

$$\frac{1}{l} \sum_{q=0}^{\infty} \left(E_x^{q+1}(r) \sqrt{\frac{q+1}{2}} - E_x^{q-1}(r) \sqrt{\frac{q}{2}} \right) \phi_q(\tilde{t})$$

$$= \frac{1}{\varepsilon(r)} \sum_{q=0}^{\infty} \frac{\partial}{\partial y} H_z^q(r) \phi_q(\tilde{t}) - \frac{1}{\varepsilon(r)} \sum_{q=0}^{\infty} J_x^q(r) \phi_q(\tilde{t}) \tag{3.4}$$

$$\frac{1}{l} \sum_{q=0}^{\infty} \left(E_y^{q+1}(r) \sqrt{\frac{q+1}{2}} - E_y^{q-1}(r) \sqrt{\frac{q}{2}} \right) \phi_q(\tilde{t})$$

$$= -\frac{1}{\varepsilon(r)} \sum_{q=0}^{\infty} \frac{\partial}{\partial x} H_z^q(r) \phi_q(\tilde{t}) - \frac{1}{\varepsilon(r)} \sum_{q=0}^{\infty} J_y^q(r) \phi_q(\tilde{t}) \tag{3.5}$$

$$\frac{1}{l}\sum_{q=0}^{\infty}\left(H_z^{q+1}\left(r\right)\sqrt{\frac{q+1}{2}}-H_z^{q-1}\left(r\right)\sqrt{\frac{q}{2}}\right)\phi_q\left(\tilde{t}\right)$$

$$=\frac{1}{\mu\left(r\right)}\sum_{q=0}^{\infty}\frac{\partial}{\partial y}E_x^q\left(r\right)\phi_q\left(\tilde{t}\right)-\frac{1}{\mu\left(r\right)}\sum_{q=0}^{\infty}\frac{\partial}{\partial x}E_y^q\left(r\right)\phi_q\left(\tilde{t}\right) \tag{3.6}$$

再利用 Galerkin 原理得到任意阶的线性代数方程 (3.7)~方程 (3.9)。其中，Galerkin 原理是指用基函数作为时域检测函数对展开的麦克斯韦方程组加权积分，从而消去时间变量的过程。

$$\frac{1}{l}\left(E_x^{q+1}\left(r\right)\sqrt{\frac{q+1}{2}}-E_x^{q-1}\left(r\right)\sqrt{\frac{q}{2}}\right)=\frac{1}{\varepsilon\left(r\right)}\frac{\partial}{\partial y}H_z^q\left(r\right)-\frac{J_x^q\left(r\right)}{\varepsilon\left(r\right)} \tag{3.7}$$

$$\frac{1}{l}\left(E_y^{q+1}\left(r\right)\sqrt{\frac{q+1}{2}}-E_y^{q-1}\left(r\right)\sqrt{\frac{q}{2}}\right)=-\frac{1}{\varepsilon\left(r\right)}\frac{\partial}{\partial x}H_z^q\left(r\right)-\frac{J_y^q\left(r\right)}{\varepsilon\left(r\right)} \tag{3.8}$$

$$\frac{1}{l}\left(H_z^{q+1}\left(r\right)\sqrt{\frac{q+1}{2}}-H_z^{q-1}\left(r\right)\sqrt{\frac{q}{2}}\right)=\frac{1}{\mu\left(r\right)}\frac{\partial}{\partial y}E_x^q\left(r\right)-\frac{1}{\mu\left(r\right)}\frac{\partial}{\partial x}E_y^q\left(r\right) \tag{3.9}$$

运用中心差分对方程 (3.7)~方程 (3.9) 中场量的空间变量进行离散得

$$\frac{1}{l}\left(\sqrt{\frac{q+1}{2}}\left.E_x\right|_{i,j}^{q+1}-\sqrt{\frac{q}{2}}\left.E_x\right|_{i,j}^{q-1}\right)$$

$$=\frac{1}{\varepsilon_{i,j}\Delta\overline{y}_j}\left(\left.H_z\right|_{i,j}^q-\left.H_z\right|_{i,j-1}^q\right)-\frac{1}{\varepsilon_{i,j}}\left.J_x\right|_{i,j}^q \tag{3.10}$$

$$\frac{1}{l}\left(\sqrt{\frac{q+1}{2}}\left.E_y\right|_{i,j}^{q+1}-\sqrt{\frac{q}{2}}\left.E_y\right|_{i,j}^{q-1}\right)$$

$$=-\frac{1}{\varepsilon_{i,j}\Delta\overline{x}_i}\left(\left.H_z\right|_{i,j}^q-\left.H_z\right|_{i-1,j}^q\right)-\frac{1}{\varepsilon_{i,j}}\left.J_y\right|_{i,j}^q \tag{3.11}$$

$$\frac{1}{l}\left(\sqrt{\frac{q+1}{2}}\left.H_z\right|_{i,j}^{q+1}-\sqrt{\frac{q}{2}}\left.H_z\right|_{i,j}^{q-1}\right)$$

$$=\frac{1}{\mu_{i,j}\Delta y_j}\left(\left.E_x\right|_{i,j+1}^q-\left.E_x\right|_{i,j}^q\right)-\frac{1}{\mu_{i,j}\Delta x_i}\left(\left.E_y\right|_{i+1,j}^q-\left.E_y\right|_{i,j}^q\right) \tag{3.12}$$

式中，$\Delta\xi(\xi=x,y)$ 代表空间中电场离散点之间的距离，而 $\Delta\overline{\xi}$ 代表空间中磁场离散点之间的距离。这种空间上的离散和传统 FDTD 方法中的一致，如图 3.2(a) 所示。

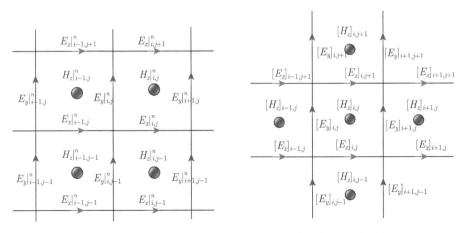

(a) 电磁场的中心差分离散   (b) 离散空间中的五点磁场分布图

图 3.2 计算空间上的电磁场离散

可以发现，AH 域的方程 (3.10)~方程 (3.12) 满足 "相邻阶" 特点，即第 $(q+1)$ 阶场量展开系数与第 q 和第 $(q-1)$ 阶展开系数有关。例如，可将式 (3.10) 写成

$$E_x|_{i,j}^{q+1} = \frac{l}{\varepsilon_{i,j}\Delta\overline{y}_j}\sqrt{\frac{2}{q+1}}\left(H_z|_{i,j}^q - H_z|_{i,j-1}^q\right)$$

$$+ \sqrt{\frac{q}{q+1}}\,E_x|_{i,j}^{q-1} - \frac{l}{\varepsilon_{i,j}}\sqrt{\frac{2}{q+1}}\,J_x|_{i,j}^q \tag{3.13}$$

若 0 阶和 1 阶的展开系数能首先求得，则所有阶的展开系数就能通过递归方式求得，如果这种方式还收敛，那将非常有意义。通过多次尝试，0 阶和 1 阶的展开系数难以直接求得，本节没能解决这个问题，但是本节将空间所有离散点的展开系数联立起来得到隐式方程，通过求解隐式方程可以很好地解决这一问题。下面对这种解决方案作进一步分析。

首先，联立所有 "相邻阶" 方程组式 (3.10)~式 (3.12) 并引入初始条件，得到包含矩阵单元 α_0 的方程

$$\alpha_0\,E_x|_{i,j} = \overline{C}_y^E\Big|_{i,j}\left(H_z|_{i,j} - H_z|_{i,j-1}\right) - \frac{1}{\varepsilon_{i,j}}\,J_x|_{i,j} + E_x^{t_0}\Big|_{i,j} \tag{3.14}$$

$$\alpha_0\,E_y|_{i,j} = -\overline{C}_x^E\Big|_{i,j}\left(H_z|_{i,j} - H_z|_{i-1,j}\right) - \frac{1}{\varepsilon_{i,j}}\,J_y|_{i,j} + E_y^{t_0}\Big|_{i,j} \tag{3.15}$$

$$\alpha_0\,H_z|_{i,j} = \overline{C}_y^H\Big|_{i,j}\left(E_x|_{i,j+1} - E_x|_{i,j}\right) - \overline{C}_x^H\Big|_{i,j}\left(E_y|_{i+1,j} - E_y|_{i,j}\right) + H_z^{t_0}\Big|_{i,j} \tag{3.16}$$

式中，

$$\alpha_0 = \begin{bmatrix} \frac{1}{l}\sqrt{\frac{1}{2}} & & & & \\ -\frac{1}{l}\sqrt{\frac{1}{2}} & \frac{1}{l}\sqrt{\frac{2}{2}} & & & \\ & -\frac{1}{l}\sqrt{\frac{2}{2}} & \ddots & & \\ & & \ddots & & \frac{1}{l}\sqrt{\frac{Q-2}{2}} \\ & & & -\frac{1}{l}\sqrt{\frac{Q-2}{2}} & & \frac{1}{l}\sqrt{\frac{Q-1}{2}} \\ \phi_0\left(\tilde{t_0}\right) & \cdots & & \phi_{Q-2}\left(\tilde{t_0}\right) & \phi_{Q-1}\left(\tilde{t_0}\right) \end{bmatrix}_{Q\times Q}$$

$$\left.\overline{C}_x^E\right|_{i,j} = \frac{1}{\varepsilon_{i,j}\Delta\overline{x}_i}, \quad \left.\overline{C}_y^E\right|_{i,j} = \frac{1}{\varepsilon_{i,j}\Delta\overline{y}_j}, \quad \left.\overline{C}_x^H\right|_{i,j} = \frac{1}{\mu_{i,j}\Delta x_i}, \quad \left.\overline{C}_y^H\right|_{i,j} = \frac{1}{\mu_{i,j}\Delta y_j}$$

$$\left.E_x^{t_0}\right|_{i,j} = \begin{bmatrix} 0 \\ \vdots \\ 0 \\ E_x(i,j,t_0) \end{bmatrix}_{Q\times 1}, \quad \left.E_y^{t_0}\right|_{i,j} = \begin{bmatrix} 0 \\ \vdots \\ 0 \\ E_y(i,j,t_0) \end{bmatrix}_{Q\times 1}$$

$$\left.H_z^{t_0}\right|_{i,j} = \begin{bmatrix} 0 \\ \vdots \\ 0 \\ H_z(i,j,t_0) \end{bmatrix}_{Q\times 1}, \quad \left.E_x\right|_{i,j} = \begin{bmatrix} \left.E_x\right|_{i,j}^0 \\ \vdots \\ \left.E_x\right|_{i,j}^{Q-2} \\ \left.E_x\right|_{i,j}^{Q-1} \end{bmatrix}_{Q\times 1}$$

$$\left.E_y\right|_{i,j} = \begin{bmatrix} \left.E_y\right|_{i,j}^0 \\ \vdots \\ \left.E_y\right|_{i,j}^{Q-2} \\ \left.E_y\right|_{i,j}^{Q-1} \end{bmatrix}_{Q\times 1}, \quad \left.H_z\right|_{i,j} = \begin{bmatrix} \left.H_z\right|_{i,j}^0 \\ \vdots \\ \left.H_z\right|_{i,j}^{Q-2} \\ \left.H_z\right|_{i,j}^{Q-1} \end{bmatrix}_{Q\times 1}$$

式中，$\left\{\phi_q\left(\tilde{t_0}\right)\right\}$ 代表基函数在 t_0 时刻的取值；$E_\xi(i,j,t_0)$ 和 $H_z(i,j,t_0)$ 代表电场和磁场在 t_0 时刻的取值。将式 (3.14) 和式 (3.15) 代入式 (3.16) 并消去电场得到仅与磁场相关的五点方程

$$\begin{aligned} a_{l(i,j)}\left.H_z\right|_{i-1,j} + a_{r(i+1,j)}\left.H_z\right|_{i+1,j} & \\ + a_{m(i,j)}\left.H_z\right|_{i,j} + a_{d(i,j)}\left.H_z\right|_{i,j-1} + a_{u(i,j+1)}\left.H_z\right|_{i,j+1} &= \left.b\right|_{i,j} \end{aligned} \quad (3.17)$$

式中，各系数均为方阵，待求量为磁场的展开系数列向量：

$$a_{l(i,j)} = \left.\overline{C}_x^E\right|_{i,j} \left.\overline{C}_x^H\right|_{i,j} \alpha_0^{-1}, \quad a_{r(i+1,j)} = \left.\overline{C}_x^E\right|_{i+1,j} \left.\overline{C}_x^H\right|_{i,j} \alpha_0^{-1}$$

$$a_{u(i,j+1)} = \left.\overline{C}_y^E\right|_{i,j+1} \left.\overline{C}_y^H\right|_{i,j} \alpha_0^{-1}, \quad a_{d(i,j)} = \left.\overline{C}_y^E\right|_{i,j} \left.\overline{C}_y^H\right|_{i,j} \alpha_0^{-1}$$

$$a_{m(i,j)} = -\left(a_{l(i,j)} + a_{r(i+1,j)} + a_{d(i,j)} + a_{u(i,j+1)} + \alpha_0\right)$$

$$b|_{i,j} = \left.\overline{C}_y^H\right|_{i,j} \alpha_0^{-1} \left(\frac{1}{\varepsilon_{i,j+1}} J_x|_{i,j+1} - \frac{1}{\varepsilon_{i,j}} J_x|_{i,j}\right)$$

$$- \left.\overline{C}_x^H\right|_{i,j} \alpha_0^{-1} \left(\frac{1}{\varepsilon_{i+1,j}} J_y|_{i+1,j} - \frac{1}{\varepsilon_{i,j}} J_y|_{i,j}\right)$$

$$- \left.\overline{C}_y^H\right|_{i,j} \alpha_0^{-1} \left(E_x^{t_0}|_{i,j+1} - E_x^{t_0}|_{i,j}\right)$$

$$+ \left.\overline{C}_x^H\right|_{i,j} \alpha_0^{-1} \left(E_y^{t_0}|_{i+1,j} - E_y^{t_0}|_{i,j}\right) - H_z^{t_0}|_{i,j}$$

也可以将式 (3.17) 写成矩阵方程

$$AH = b \tag{3.18}$$

关于磁场的五点方程可从图 3.2(b) 进一步得到理解，可以看出，五点磁场方程由中心磁场及包围它的四个磁场组成。但如果碰到边界和角点时，五点关系可能退化到四点或者三点的关系，如图 3.3(a) 所示。整个计算区域 (共 $n_x \times n_y$ 个网格)

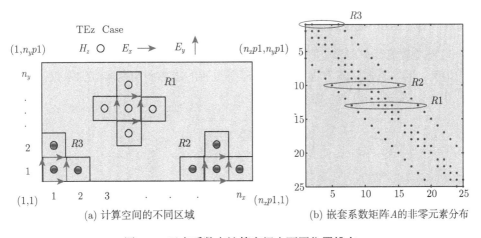

(a) 计算空间的不同区域   (b) 嵌套系数矩阵A的非零元素分布

图 3.3　五点系数在计算空间中不同位置排布

标记为中心区域 $R1$，边界区域 $R2$ 和角点区域 $R3$，对应方程 (3.18) 中嵌套系数矩阵中行非零元素个数分别为 5、4 和 3，如图 3.3(b) 所示。中央区域的公式由式 (3.17) 确定，但边界和角点则要结合吸收边界来确定，其公式将在下一小节进行推导。通过对最终的矩阵方程进行 LU 分解，可以求解得到磁场的展开系数，然后将磁场展开系数代入式 (3.14) 和式 (3.15) 得到电场展开系数；最后测点的时域结果可由这些展开系数重构得到。

以下给出了针对图 3.3(b) 所示的带状矩阵 A 的 LU 分解及追赶法求解式 (3.18) 的代码[126]。

```
%基于外积形式的带高斯消去法                %带向前消去法(列形式)
for k=1:N-1 % LU分解                   for j=1:N      % 追
    for i=k+1:min(k+ny,N)                 for i=j+1:min(j+ny,N)
        A(i,k)=A(i,k)/A(k,k);                 b(i)=b(i)-A(i,j)*b(j);
    end                                   end
    for j=k+1:min(k+ny,N)             end
        for i=k+1:min(k+ny,N)          %带向后消去法(行形式)
         A(i,j)=A(i,j)                 for j=N:-1:1 % 赶
               -A(i,k)*A(k,j);             b(j)=b(j)/A(j,j);
        end                               for i=max(1,j-ny):j-1
    end                                       b(i)=b(i)-A(i,j)*b(j);
end                                       end
                                      end
```

3.2.2 一阶 Mur 吸收边界

电磁场数值计算时需要用吸收边界来截断计算区域。下面以一阶 Mur 吸收边界[7]为例，推导系数矩阵方程 (3.18) 中需要更新的边界和角点区域的系数。

在 $x = X(i = n_x)$ 处，电场 E_y 满足

$$\left(\frac{\partial}{\partial x} \pm \frac{1}{c}\frac{\partial}{\partial t}\right) E_y(r,t) = 0 \tag{3.19}$$

和式 (3.1)~式 (3.9) 的推导类似，对其进行 AH 域变换

$$\frac{\partial}{\partial x} E_y^q(r) + \frac{1}{cl}\left(\sqrt{\frac{q+1}{2}} E_y^{q+1}(r) - \sqrt{\frac{q}{2}} E_y^{q-1}(r)\right) = 0 \tag{3.20}$$

空间上采取中心差分和平均技术

$$F_y\big|_{n_x+1/2,j}^q = \frac{E_y\big|_{n_x+1,j}^q + E_y\big|_{n_x,j}^q}{2} \tag{3.21}$$

$$\frac{\partial}{\partial x} E_y\big|_{n_x+1/2}^q = \frac{E_y\big|_{n_x+1,j}^q - E_y\big|_{n_x,j}^q}{\Delta x_I} \tag{3.22}$$

将式 (3.21) 和式 (3.22) 代入式 (3.20)，则可得

$$-\sqrt{\frac{q}{q+1}} E_y\big|_{n_x+1}^{q-1} + \frac{2cl}{\Delta x_{n_x}}\sqrt{\frac{2}{q+1}} E_y\big|_{n_x+1}^q + E_y\big|_{n_x+1}^{q+1}$$

$$= \sqrt{\frac{q}{q+1}} E_y\big|_{n_x}^{q-1} + \frac{2cl}{\Delta x_{n_x}}\sqrt{\frac{2}{q+1}} E_y\big|_{n_x}^q - E_y\big|_{n_x}^{q+1} \tag{3.23}$$

结合所有阶展开系数和初值条件，写成矩阵形式：

$$\left(\frac{2cl}{\Delta x_{n_x}}I + \alpha_0\right) E_y\big|_{n_x+1,j} = \left(\frac{2cl}{\Delta x_{n_x}}I - \alpha_0\right) E_y\big|_{n_x,j} \tag{3.24}$$

类似地，在 $x = 0$ 处可得

$$\left(\frac{2cl}{\Delta x_1}I + \alpha_0\right) E_y\big|_{1,j} = \left(\frac{2cl}{\Delta x_1}I - \alpha_0\right) E_y\big|_{2,j} \tag{3.25}$$

同理可得 $y = 0$ 和 $y = Y$ 处的边界相邻电场之间的关系。将这些电场的关系代入式 (3.14) 和式 (3.16)，消去电场后可得更新后的边界磁场方程。而角点的方程是两个相交边界的共同组合，因此这里不再赘述。最终，一阶 Mur 吸收边界将图 3.3 中的 $R2$ 和 $R3$ 区域确定下来，则方程 (3.18) 的系数矩阵 A 便更新完成。

3.2.3 电流密度源

方程 (3.18) 右端的 b 为已知项，它包含了电流密度源项，因此只需在激励源相应位置赋值即可实现 b 的初始化。在后面章节中将进一步讨论其他源项的加入方法，包括平面波的加入。但最终都可转化为电流密度源或者磁流密度源的引入方式。这里暂时不做具体的讨论。

综上所述，可得以下 AH FDTD 方法的具体实施步骤：

步骤 1 根据实际问题需求，离散空间网格，选定 AH 基函数平移和尺度因子，生成时域基函数。

步骤 2 由空间网格划分、媒介参数、初始条件和激励源组成隐式方程 (3.17) 左端五点系数矩阵和右端非零项。

步骤 3 对系数矩阵进行 LU 分解，用追赶法求解 AH 域磁场系数。

步骤 4 将磁场系数代入式 (3.14) 和式 (3.15) 式，求解 AH 域电场系数。

步骤 5 用 AH 域系数和基函数重构时域电磁场结果。

3.3　AH FDTD 方法算例验证

为验证方法的正确性和有效性，下面通过一个算例作进一步分析。图 3.4 为 TEz 模电磁波在平行波导中透过金属细缝和非均匀填充媒介的数值模拟配置图。其中，金属细缝宽1.2μm，长为0.9cm，部分填充的导电介质厚度为 0.04m，相对介电常数为 2。计算区域为1.2m×0.08m，划分为140×8个非均匀网格。网格采取扩展因子为1.1~1.2的渐进网格技术进行非均匀剖分，最小的网格尺寸为0.6μm×0.0045m。设定仿真所需时间时频分析范围：T_s=10.81ns 和 W_s=3GHz。则根据此范围和前文的分析式 (2.11) 和式 (2.12)，得到基函数最优阶数 $Q = 32$，尺度因子 $l = 5.12 \times 10^{-10}$。采用中心频率 f_c=0.6GHz 的正弦调制高斯脉冲作为激励源：

$$J_y(t) = \exp\left[-\frac{(t - t_c)^2}{t_d^2}\right] \sin[2\pi f_c(t - t_c)] \tag{3.26}$$

式中，$t_d = 0.5 f_c$，$t_c = 4 t_d$。

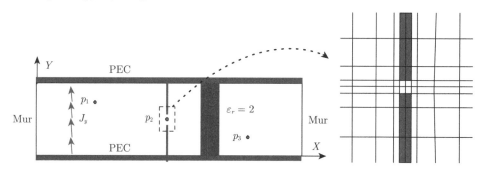

图 3.4　二维平行板波导计算区域配置图

图 3.5(a)~图 3.5(c) 为 AH FDTD 方法和传统 FDTD 方法在三个测量点计算得到的时域磁场波形。可以看出本节方法和传统方法结果十分吻合。另外，图 3.5(d) 为 AH FDTD 方法在三个测量点磁场波形相对传统 FDTD 方法的相对误差，相对误差的计算公式为 $R = 20\log_{10}\left[\left|H_z^{ah}(t) - H_z^c(t)\right| / \max[H_z^c(t)]\right]$，式中，$H_z^{ah}(t)$ 为 AH FDTD 方法计算得到的结果，而 $H_z^c(t)$ 为传统 FDTD 方法计算得到的结果。从相对误差图也可以进一步证明本节方法的正确性，因为三个测量点的相对误差均小于 −40dB。另外，从计算效率来看 (表 3.1)，本书方法计算所需时间仅为传统 FDTD 方法的 5.9 ‰倍，因此实现了对具有精细结构传播问题的高效仿真计算。但同时也看到，AH FDTD 方法所占用的计算内存相对于传统方法要大。如何减少计算内存将在后文的改进方法中具体阐述。

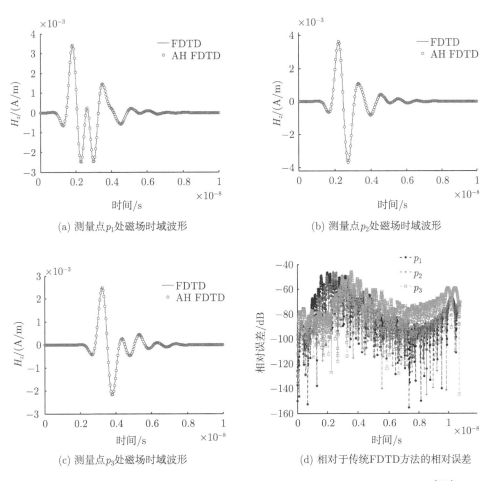

(a) 测量点p_1处磁场时域波形　　　　　　(b) 测量点p_2处磁场时域波形

(c) 测量点p_3处磁场时域波形　　　　　　(d) 相对于传统FDTD方法的相对误差

图 3.5　AH FDTD 计算得到的磁场波形及与传统 FDTD 方法的相对误差图[108]

表 3.1　计算资源对比[108]

方法	Δt	内存/MB	CPU 时间/s
FDTD 方法	1.98fs	0.98	412.31
AH FDTD 方法	8.0ps	77.8	2.43

3.4　本　章　小　结

　　本章提出了一种基于 AH 正交函数的无条件稳定 FDTD 新方法,并在此基础上试图探求一种新的"AH 类"正交无条件稳定新方向。该方法利用 AH 正交函数作为基函数对 Maxwell 方程组进行展开,使用伽辽金原理消除时间变量,建立与基函数阶数相关的展开系数方程组，从而使时域的迭代求解转化为 AH 域展开系数的隐式方程求解。这种转化使得未知量求解个数大大减少，计算效率显著提高；并且整个计算过程与时间变量无关，不受传统 FDTD 稳定性条件的限制，计算结果无条件稳定。这些优势为高效快速计算具有多尺度特性的复杂电磁场问题提供了新的解决方法。但是，该方法的计算内存相对较大，因为它涉及大型嵌套矩阵方程的求解，在后文中将具体分析，并介绍减少内存消耗的方案。

第4章 AH FDTD 的若干改进方法

本章主要介绍一种内存消耗小、同时计算效率进一步提高的改进 AH FDTD 方法[109]。该方法将原始的大型嵌套系数矩阵方程分解成一系列可以按阶并行求解的独立方程，大大减少了计算内存。在此基础上，进一步研究了包括平面波在内的更一般源项的引入方法和各种 PML 吸收边界的处理等问题。另外，在按阶并行求解的基础上，研究了两种不同的高效 AH FDTD 新方法，一种是基于交替方向迭代的降维解决思路，另一种是基于空域特征值变换的新技术。这些新的改进方法都大大提高了原始 AH FDTD 方法的计算性能，也为高性能三维 AH FDTD 方法的实施奠定了基础。

4.1 AH FDTD 按阶并行求解方法

由于 AH FDTD 无条件稳定方法需要求解嵌套矩阵系数方程，常规的 LU 分解求解法需要存储临时的嵌套矩阵系数，因此会占据一定的计算内存。所需内存的大小取决于基函数阶数和计算空间离散网格数目。两者的增大都会使所需内存急剧增大，计算效率降低，这不利于方法的推广和应用。本节通过引入 AH 微分矩阵及其特征值变换，将嵌套系数矩阵方程"解耦"成独立的 Q 个线性方程，实现并行求解，大大降低了计算内存，同时也进一步提高了计算效率。图 4.1 显示了 AH FDTD 方法及其并行求解方案的实施流程对比。

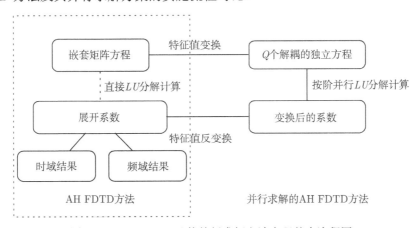

图 4.1　AH FDTD 及其并行求解方法实现基本流程图

在初始 AH FDTD 方法的基础上, 通过将包含初始条件的转移矩阵 α_0 替换为 2.3 节中的 AH 微分系统转移矩阵 α, 建立更加精简、不包含初始条件的 AH 域 Maxwell 方程:

$$\alpha\, E_x|_{i,j} = \overline{C}_y^E\Big|_{i,j}\left(H_z|_{i,j} - H_z|_{i,j-1}\right) - \frac{1}{\varepsilon_{i,j}}\,J_x|_{i,j} \tag{4.1}$$

$$\alpha\, E_y|_{i,j} = -\overline{C}_x^E\Big|_{i,j}\left(H_z|_{i,j} - H_z|_{i-1,j}\right) - \frac{1}{\varepsilon_{i,j}}\,J_y|_{i,j} \tag{4.2}$$

$$\alpha\, H_z|_{i,j} = \overline{C}_y^H\Big|_{i,j}\left(E_x|_{i,j+1} - E_x|_{i,j}\right) - \overline{C}_x^H\Big|_{i,j}\left(E_y|_{i+1,j} - E_y|_{i,j}\right) \tag{4.3}$$

利用 AH 微分矩阵的特征向量矩阵, 对 AH 域方程各场量进行特征值变换 (2.26), 如磁场分量 $H_z|_{i,j} = X\,H_z^*|_{i,j}$, 式中, $H_z^*|_{i,j}$ 为特征值变换后的场量, 并结合式 (2.26) 得到能相互独立求解的 Q 个 AH 特征域线性方程组, 如式 (4.4) 和式 (4.5):

$$V E_x^*|_{i,j} = \overline{C}_y^E\Big|_{i,j}\left(H_z^*|_{i,j} - H_z^*|_{i,j-1}\right) - \frac{1}{\varepsilon_{i,j}}\,J_x^*|_{i,j} \tag{4.4}$$

$$V E_y^*|_{i,j} = -\overline{C}_x^E\Big|_{i,j}\left(H_z^*|_{i,j} - H_z^*|_{i-1,j}\right) - \frac{1}{\varepsilon_{i,j}}\,J_y^*|_{i,j} \tag{4.5}$$

$$V H_z^*|_{i,j} = \overline{C}_y^H\Big|_{i,j}\left(E_x^*|_{i,j+1} - E_x^*|_{i,j}\right) - \overline{C}_x^H\Big|_{i,j}\left(E_y^*|_{i+1,j} - E_y^*|_{i,j}\right) \tag{4.6}$$

将式 (4.4) 和式 (4.5) 代入式 (4.6) 消去电场分量, 得到五点系数矩阵方程, 其中第 q 个特征值变换后的磁场方程为

$$\begin{aligned}
&a_{l(i,j)}^*\, H_z^*|_{i-1,j}^q + a_{r(i+1,j)}^*\, H_z^*|_{i+1,j}^q + a_{m(i,j)}^*\, H_z^*|_{i,j}^q \\
&+ a_{d(i,j)}^*\, H_z^*|_{i,j-1}^q + a_{u(i,j+1)}^*\, H_z^*|_{i,j+1}^q = b^*|_{i,j}^q
\end{aligned} \tag{4.7}$$

式中,

$$a_{l(i,j)}^* = \overline{C}_x^E\Big|_{i,j}\,\overline{C}_x^H\Big|_{i,j}\,\lambda_q^{-1}, \quad a_{r(i+1,j)}^* = \overline{C}_x^E\Big|_{i+1,j}\,\overline{C}_x^H\Big|_{i,j}\,\lambda_q^{-1}$$

$$a_{u(i,j+1)}^* = \overline{C}_y^E\Big|_{i,j+1}\,\overline{C}_y^H\Big|_{i,j}\,\lambda_q^{-1}, \quad a_{d(i,j)}^* = \overline{C}_y^E\Big|_{i,j}\,\overline{C}_y^H\Big|_{i,j}\,\lambda_q^{-1}$$

$$a_{m(i,j)}^* = -\left(a_{l(i,j)}^* + a_{r(i+1,j)}^* + a_{d(i,j)}^* + a_{u(i,j+1)}^* + \lambda_q\right)$$

$$\begin{aligned}
b_*|_{i,j}^q = \overline{C}_y^H\Big|_{i,j}\,\lambda_q^{-1}\left(\frac{1}{\varepsilon_{i,j+1}}\,J_x^*|_{i,j+1} - \frac{1}{\varepsilon_{i,j}}\,J_x^*|_{i,j}\right) \\
- \overline{C}_x^H\Big|_{i,j}\,\lambda_q^{-1}\left(\frac{1}{\varepsilon_{i+1,j}}\,J_y^*|_{i+1,j} - \frac{1}{\varepsilon_{i,j}}\,J_y^*|_{i,j}\right)
\end{aligned}$$

以上标注 "*" 的系数可视作特征值 λ_q 的函数，是特征域下的系数。对于边界和角点方程的更新，可以采取和原始 AH FDTD 方法中一阶 Mur 吸收边界相类似的更新方式，只需将它们变换到特征域进行系数矩阵的更新即可，在这暂时不作推导，将在 4.4 节对其他吸收边界的分析中一并介绍。对考虑吸收边界后的 Q 个方程，可通过相同的 LU 分解程序并行求解，因为它们能写成统一的表示形式：

$$A\left(\lambda_q\right) H_z^*|_{i,j}^q = b^*|_{i,j}^q \tag{4.8}$$

而电场的特征域解可以通过式 (4.4) 和式 (4.5) 求解得到，最后对所求结果进行特征反变换得到 AH 域展开系数。电磁场时域的结果可以进一步由这些展开系数直接重构得到。

以上并行求解方法有如下特点：

(1) 不同阶的系数矩阵可以看成以特征值 λ_q 为参变量的系数矩阵 $A(\lambda_q)$。

(2) 以上 Q 个独立方程的求解实际上只需要求解其中的 $Q/2$ 组。这是由于 AH 微分矩阵是实反对称矩阵，其特征值具有共轭对称性 (可参考 2.3.1 小节的分析)，因此所求式 (4.8) 的结果也存在共轭对称性。所以只需求解其中 $Q/2$ 组，剩下的结果即取共轭可得。

(3) 将 AH 微分系统转移矩阵引入 AH FDTD 公式，进一步精简了方程的结构。

(4) 该方法继承了原始 AH FDTD 无条件稳定的所有优点，且相比传统方法极大改进了内存消耗问题。具体地，结合图 4.2(a) 对方法的内存消耗进行分析。若计算空间离散为 $N = n_x \times n_y$ 个网格，根据 LU 分解方法，原始 AH FDTD 方法的内存消耗约为

$$M = \frac{\left[N + 2\sum_{n=1}^{n_y}(N-2n)\right] \times Q^2 \times m}{1024^2} \text{ (Mbit)} \tag{4.9}$$

式中，m 为一个数字所占字节数。而按阶并行求解方法的内存消耗为

$$M^* = \frac{\left[N + 2\sum_{n=1}^{n_y}(N-2n)\right] \times \dfrac{Q}{2} \times m}{1024^2} \text{ (Mbit)} \tag{4.10}$$

通过式 (4.9) 和式 (4.10) 的比较，可以发现按阶并行求解方法所占的内存降低到原来 AH FDTD 方法的 $R = \dfrac{1}{2Q}$ 倍，这种理论上分析得到的规律和数值算例中得到的实际内存减少率曲线比较接近，如图 4.2(b) 所示。按阶并行求解内存消耗的大大减少也带来了计算效率的显著提高。这是由于并行解耦的每一阶方程可以

共用同一个 LU 分解的程序,只需对不同的系数矩阵更改相应的特征值参变量。因此也使得阶数对方法内存和效率的影响大大降低。

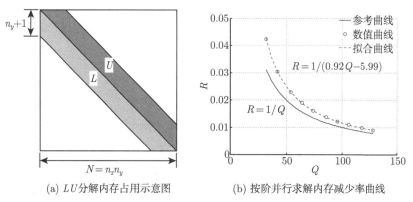

(a) LU 分解内存占用示意图　　　　(b) 按阶并行求解内存减少率曲线

图 4.2　LU 求解内存占用及按阶并行求解内存减少率曲线图[109]

综上所述,可以得到按阶并行求解 AH FDTD 方法的具体实施步骤如下:

步骤 1　根据具体问题的需求,对空间进行离散,选定合适的基函数参数,得到 AH 基函数。建立 AH 微分矩阵,并求其特征值和特征向量。

步骤 2　由空间网格划分、媒质参数、初始条件和激励源建立五点特征 AH 域方程系数矩阵和右端非零项。并对其用 LU 分解和追赶法并行求解。

步骤 3　对求解得到的 AH 特征域磁场系数代入式 (4.4) 和式 (4.5),求解 AH 特征域电场系数。

步骤 4　对求解得到的 AH 特征域结果进行特征反变换,得到 AH 域展开系数。

步骤 5　用 AH 域系数和基函数重构时域和频域结果。

下面以 3.3 节中相同的算例对改进之后的 AH FDTD 方法作进一步分析。图 4.3 为 AH FDTD 方法按阶并行求解方法和原始 AH FDTD 方法在测量点 p_2 的时域磁场波形相对传统 FDTD 方法计算得到的波形的相对误差图。

从图 4.3 的结果可以看出,改进方法基本保持和原始 AH FDTD 方法相同的计算结果,仅仅是在初始阶段 A 略有偏差,而在后续阶段 B 保持完全一致。初始阶段的偏差主要是由于改进方法采取将原始 AH FDTD 方法中包含初值条件的矩阵 α_0 替换为忽略初值条件 AH 微分转移矩阵 α 的结果。但这种近似替换也是建立在初始电磁场为零的基础上,因此理论上可行。总的来说,改进方法并不会损失计算精度。另外,从表 4.1 和表 4.2 可以看出,改进方法所占用的计算内存相对于初始 AH FDTD 方法下降显著,特别是内存消耗几乎不受阶数的影响,内存消耗相比原始方法的减少倍率和 $R = \dfrac{1}{2Q}$ 曲线相似，如图 4.2(b) 所示。同时，内存减少也带来了计算效率相比传统 FDTD 方法的进一步提高，方法性能得到进一步的提升。

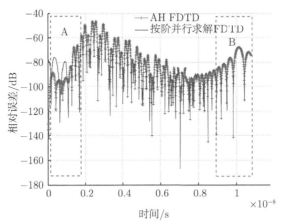

(a) 按阶并行求解AH FDTD 方法和原始AH FDTD 方法
相对传统FDTD 方法的相对误差图

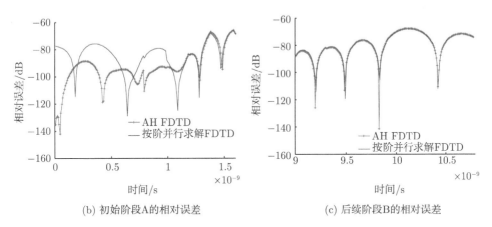

(b) 初始阶段A的相对误差

(c) 后续阶段B的相对误差

图 4.3 p_2 点时域波形相对误差的比较[109]

表 4.1 按阶并行 AH FDTD 方法和原始 AH FDTD 方法计算资源对比[109]

方法	Δt	内存/Mbit	CPU 时间/s
传统 FDTD 方法	1.98fs	0.98	412.31
AH FDTD 方法	8.0ps	77.8	2.43
按阶并行 AH FDTD 方法	8.0ps	6.7	1.34

表 4.2　不同阶数条件下 AH FDTD 方法计算资源对比[109]

Q	内存/Mbit		CPU 时间/s	
	AH FDTD 方法	按阶并行AH FDTD 方法	AH FDTD 方法	按阶并行AH FDTD 方法
32	77.8	3.30	2.43	1.34
64	308.1	5.85	6.69	1.36
96	690.9	8.40	14.94	1.38
128	1226.4	10.97	38.53	1.40

4.2　AH FDTD 按阶并行的源项引入

本节讨论按阶并行求解方法中硬源和软源的引入，分析源的不同引入方式可能会带来系数矩阵方程不同的修改。讨论平面波注入法和总场、散射场连接边界方法的不同平面波引入方法，对平移算子在平面波引入中的作用作了具体分析。

4.2.1　硬源和软源

FDTD 中源的加入方式一般包括硬源和软源两种。在 AH FDTD 方法中两种不同的加入方式使得最终 $AH = b$ 方程的系数矩阵 A 和已知项 b 的更新方式不同，因此分别讨论。

硬源为强迫激励，在 FDTD 的迭代中不受其他场值的影响，因此在 AH FDTD 方法中如果要在某个空间位置加入硬源，则该位置的场量就不要计算，也就是说可将该位置的场值作为已知项，放到矩阵方程的右端，或者在相应系数方程中的某一行赋 "1" 即可。式 (4.7) 可更新为以下方程

$$1 \cdot H_z^*|_{i,j}^q = b^*|_{i,j}^q \tag{4.11}$$

从上式可以看出，在硬激励条件下，不仅需要更新右端已知项，而且还需更新系数矩阵方程中的非零元素，但这种更新比较简单。在三维 FDTD 方法中将讨论含内阻的电压源和电流源的更新，相比之下要将内阻项赋给方程的系数矩阵，而不是简单的赋 "1"。

而对于软激励，情况就比较简单，因为前文的方法推导都是建立在软源的推导基础上，只需要更新右端已知项即可，因此式 (4.7) 无须更新。

4.2.2　平面波的引入

平面波的加入方式一般为软源加入，但由于它是在 FDTD 分析中研究散射问题较常见的激励方式，因此在这里作进一步分析。

1. 采取总场、散射场连接边界时源项的更新

二维 TEz 波无源区域的 AH 域方程可以从式 (4.1)~式 (4.3) 得

$$\alpha E_x\big|_{i,j} = \overline{C}^E_y\Big|_{i,j}\left(H_z\big|_{i,j} - H_z\big|_{i,j-1}\right) \tag{4.12}$$

$$\alpha E_y\big|_{i,j} = -\overline{C}^E_x\Big|_{i,j}\left(H_z\big|_{i,j} - H_z\big|_{i-1,j}\right) \tag{4.13}$$

$$\alpha H_z\big|_{i,j} = \overline{C}^H_y\Big|_{i,j}\left(E_x\big|_{i,j+1} - E_x\big|_{i,j}\right) - \overline{C}^H_x\Big|_{i,j}\left(E_y\big|_{i+1,j} - E_y\big|_{i,j}\right) \tag{4.14}$$

在无源区域考虑平面波在连接边界处的引入时，只需要对式 (4.12)~式 (4.14) 进行简单的修正即可。具体地，以右边 $(i = I_2)$ 连接边界为例，如图 4.4 所示。

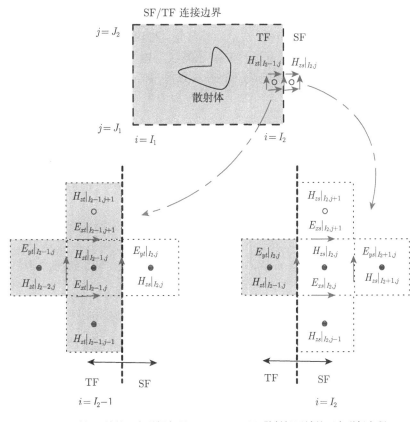

(a) 总场区域的五点磁场方程   (b) 散射场区域的五点磁场方程

图 4.4   总场、散射场 (TF/SF) 连接边界中源项的更新

先以磁场在散射场区域的五点方程的更新进行分析, 如图 4.4(b) 所示。$E_y|_{I_2,j}$ 和 $H_z|_{I_2-1,j}$ 在总场区域, 而 $H_z|_{I_2,j}$ 在散射场区域。用下标 t 和 s 分别代表总场和散射场, 则该边界关于总场 $E_{yt}|_{I_2,j}$ 和散射场 $H_{zs}|_{I_2,j}$ 的方程修正为

$$\alpha E_{yt}\big|_{I_2,j} = -\overline{C}_x^E\big|_{I_2,j} \left[\left(H_{zs}\big|_{I_2,j} + H_{zinc}\big|_{I_2,j} \right) - H_{zt}\big|_{I_2-1,j} \right] \tag{4.15}$$

$$\begin{aligned}
\alpha H_{zs}\big|_{I_2,j} = {} & \overline{C}_y^H\big|_{I_2,j} \left(E_{xs}\big|_{I_2,j+1} - E_{xs}\big|_{I_2,j} \right) \\
& - \overline{C}_x^H\big|_{I_2,j} \left[E_{ys}\big|_{I_2+1,j} - \left(E_{yt}\big|_{I_2,j} - E_{yinc}\big|_{I_2,j} \right) \right]
\end{aligned} \tag{4.16}$$

式中, 下标 inc 代表入射场分量。注意到, 式 (4.15) 为关于 $E_y|_{I_2,j}$ 的总场方程, 因此位于散射场区域的磁场 $H_{zs}|_{I_2,j}$ 需要加上入射场分量 $H_{zinc}|_{I_2,j}$, 而式 (4.16) 为关于 $H_{zs}|_{I_2,j}$ 的散射场方程, 因此位于总场边界处的电场 $E_{yt}|_{I_2,j}$ 需要减去入射场分量 $E_{yinc}|_{I_2,j}$。而 x 方向的电场 E_{xs} 无须修正。将该边界的修正方程替换原来的方程 (4.13) 和方程 (4.14), 接着和前文推导类似, 先进行特征值变换, 然后消去电场分量得到关于磁场在 AH 特征域下的五点方程, 唯一和式 (4.7) 不同的是方程右端项

$$b^*\big|_{I_2,j}^q = a_{l(I_2,j)}^* \, H_{zinc}^*\big|_{I_2,j} + \overline{C}_x^H\big|_{I_2,j} \, E_{yinc}^*\big|_{I_2,j} \tag{4.17}$$

对于以总场区域 $H_z|_{I_2-1,j}$ 为中心的五点方程, 如图 4.4(a) 所示, 方程的右端项为

$$b^*\big|_{I_2-1,j}^q = -a_{r(I_2,j)}^* \, H_{zinc}^*\big|_{I_2,j} \tag{4.18}$$

方程 (4.17) 和方程 (4.18) 为右边 ($i = I_2$) 连接边界处的源项的更新, 同样也可推导出左边 ($i = I_1$) 连接边界、上边 ($j = J_2$) 连接边界和下边 ($j = J_1$) 连接边界处的源项的更新公式。进一步, 这种平面波的加入方式可直接推广到三维 AH FDTD 中。

2. 采取平面波注入法 (plane wave injector) 时源项的更新[111]

二维 TEz 波同时考虑电流密度源和磁流密度源后 AH 域方程可以从式 (4.1)～式 (4.3) 得到

$$\alpha E_x\big|_{i,j} = \overline{C}_y^E\big|_{i,j} \left(H_z\big|_{i,j} - H_z\big|_{i,j-1} \right) - \frac{1}{\varepsilon_{i,j}} J_x\big|_{i,j} \tag{4.19}$$

$$\alpha E_y\big|_{i,j} = -\overline{C}_x^E\big|_{i,j} \left(H_z\big|_{i,j} - H_z\big|_{i-1,j} \right) - \frac{1}{\varepsilon_{i,j}} J_y\big|_{i,j} \tag{4.20}$$

$$\alpha H_z\big|_{i,j} = \overline{C}_y^H\big|_{i,j} \left(E_x\big|_{i,j+1} - E_x\big|_{i,j} \right)$$

$$-\overline{C}_x^H\Big|_{i,j}\left(E_y|_{i+1,j}-E_y|_{i,j}\right)-\frac{1}{\mu_{i,j}}M_z|_{i,j} \tag{4.21}$$

和前文推导类似，先进行特征值变换，然后消去电场分量得到关于磁场在 AH 特征域下的五点方程，唯一和式 (4.7) 不同的是方程右端项新增了磁流密度项

$$b^*|_{i,j}^q=\overline{C}_y^H\Big|_{i,j}\lambda_q^{-1}\left(\frac{1}{\varepsilon_{i,j+1}}J_x^*|_{i,j+1}-\frac{1}{\varepsilon_{i,j}}J_x^*|_{i,j}\right)$$
$$-\overline{C}_x^H\Big|_{i,j}\lambda_q^{-1}\left(\frac{1}{\varepsilon_{i+1,j}}J_y^*|_{i+1,j}-\frac{1}{\varepsilon_{i,j}}J_y^*|_{i,j}\right)-\frac{1}{\mu_{i,j}}M_z^*|_{i,j} \tag{4.22}$$

根据平面波注入理论[127]，平面波在连接边界的注入等效于连接边界上同时有相应的电流和磁流密度源激励，这些密度源和入射电磁场之间的关系为

$$J_y(x,t)=\vec{i}\times H_{\text{inc}}(x,t) \tag{4.23}$$

$$M_z(x,t)=E_{\text{inc}}(x,t)\times\vec{i} \tag{4.24}$$

式中，$E_{\text{inc}}(x,t)$ 为入射电场；$H_{\text{inc}}(x,t)$ 为入射磁场；$\vec{i}$ 为垂直于 x 方向的单位向量。因此根据式 (4.23) 和式 (4.24)，可得边界处的源项更新方程

$$J_y(x,t)=\frac{H_{\text{inc}}(x,t)}{\Delta x}=\frac{E_{\text{inc}}(x,t)}{\eta\Delta x} \tag{4.25}$$

$$M_z(x,t)=-\frac{E_{\text{inc}}(x,t)}{\Delta x} \tag{4.26}$$

式 (4.25) 中 η 为波阻抗。因此，若仍以图 4.4 中右边 $(i=I_2)$ 边界为例，当以 $H_z|_{I_2,j}$ 为中心建立五点方程时，式 (4.22) 应更新为

$$b^*|_{I_2,j}^q=-\overline{C}_x^H\Big|_{I_2,j}\lambda_q^{-1}\left(0-\frac{1}{\varepsilon_{I_2,j}}J_y^*|_{I_2,j}\right)-\frac{1}{\mu_{I_2,j}}M_z^*|_{I_2,j}$$
$$=\overline{C}_x^H\Big|_{I_2,j}\frac{1}{\varepsilon_{I_2,j}\Delta x}\lambda_q^{-1}H_{z\text{inc}}^*|_{I_2,j}+\frac{1}{\mu_{I_2,j}\Delta x}E_{y\text{inc}}^*|_{I_2,j}$$
$$=a_{l(I_2,j)}^*H_{z\text{inc}}^*|_{I_2,j}+\overline{C}_x^H\Big|_{I_2,j}E_{y\text{inc}}^*|_{I_2,j} \tag{4.27}$$

而以 $H_z|_{I_2-1,j}$ 为中心建立五点方程时，式 (4.22) 应更新为

$$b^*|_{I_2-1,j}^q=-\overline{C}_x^H\Big|_{I_2-1,j}\lambda_q^{-1}\left(\frac{1}{\varepsilon_{I_2,j}}J_y^*|_{I_2,j}-0\right)$$
$$=-\overline{C}_x^H\Big|_{I_2-1,j}\frac{1}{\varepsilon_{I_2,j}\Delta x}\lambda_q^{-1}H_{z\text{inc}}^*|_{I_2,j}$$
$$=-a_{r(I_2,j)}^*H_{z\text{inc}}^*|_{I_2,j} \tag{4.28}$$

对比式 (4.17)、式 (4.18) 和式 (4.27)、式 (4.28)，可以发现它们完全对应相等。其余边界的情况也能得到类似结果。由此可知，在 AH FDTD 方法中，利用平面波注入法对源项的修正，可以等价为总场、散射场连接边界中直接用入射场对场值的修正。

3. 平面波展开系数求解

平面波的加入即在连接边界上引入一系列延迟波的过程。前面已经讨论了在什么位置加入入射场值，这里主要讨论 AH FDTD 方法中怎样求解场值的展开系数，以方便源项 b 的更新。

若已知空间某个位置 $r = r_0$ 的入射场为 $E_{\text{inc}}(r_0, t)$，则其余位置的场为

$$E_{\text{inc}}(r, t) = E_{\text{inc}}(r_0, t - \tau) \tag{4.29}$$

式中，$\tau = \dfrac{(r - r_0)}{c}$，$c$ 为真空中光速。以下推导将 $E_{\text{inc}}(r_0, t)$ 简写为 $E(t)$，$E_{\text{inc}}(r, t)$ 简写为 $E(t - \tau)$。则平面波 AH 域展开系数的求解可以转化为当知道 $E(t)$ 的 AH 域展开系数为 $E = \left[E^0, E^1, \cdots, E^{Q-1}\right]^{\text{T}}$ 的时候，如何求解 $E(t - \tau)$ 的展开系数 $E_\tau = \left[E_\tau^0, E_\tau^1, \cdots, E_\tau^{Q-1}\right]^{\text{T}}$。

基本的求解方法有以下四种：

1) 直接法

先求出连接边界上所有入射场的时域波形，然后再求解 AH 域的展开系数。若第 q 阶展开系数为

$$E_\tau^q = \int E(t - \tau)\phi_q(t)\,\mathrm{d}t = \langle E(t - \tau), \phi_q(t)\rangle \tag{4.30}$$

则延时量为 τ 的入射场的 AH 域展开系数为

$$E_\tau = \begin{bmatrix} E_\tau^0 \\ \vdots \\ E_\tau^q \\ \vdots \\ E_\tau^{Q-1} \end{bmatrix} = \begin{bmatrix} \langle E(t - \tau), \phi_q(t)\rangle \\ \vdots \\ \langle E(t - \tau), \phi_q(t)\rangle \\ \vdots \\ \langle E(t - \tau), \phi_q(t)\rangle \end{bmatrix}_{Q \times 1} \tag{4.31}$$

2) 互相关矩阵法

式 (4.30) 可以写成互相关运算形式

$$E_\tau^q = \int E(t - \tau)\phi_q(t)\,\mathrm{d}t \overset{t'=t-\tau}{=\!=\!=} \int E(t')\phi_q(t' + \tau)\,\mathrm{d}t'$$

$$
= \phi_q(t) * E(t)|_{t=\tau} = \phi_q(t) * \left(\sum_{n=0}^{Q-1} E^n \phi_n(t) \right) \Bigg|_{t=\tau}
$$

$$
= \sum_{n=0}^{Q-1} E^n (\phi_q(t) * \phi_n(t)) \Bigg|_{t=\tau}
$$

$$
= \left[R_{q,0} \cdots R_{q,n} \cdots R_{q,(Q-1)} \right]_{(\tau)} \begin{bmatrix} E^0 \\ \vdots \\ E^n \\ \vdots \\ E^{Q-1} \end{bmatrix} \tag{4.32}
$$

式中，$*$ 表示互相关运算；$R_{q,n} = \phi_q(t) * \phi_n(t)|_{t=\tau}$。因此，展开系数可以写成

$$
E_\tau = \begin{bmatrix} E_\tau^0 \\ \vdots \\ E_\tau^q \\ \vdots \\ E_\tau^{Q-1} \end{bmatrix} = R_{(\tau)} \begin{bmatrix} E^0 \\ \vdots \\ E^n \\ \vdots \\ E^{Q-1} \end{bmatrix}
$$

$$
= \begin{bmatrix} R_{0,0} & \cdots & R_{0,n} & \cdots & R_{0,(Q-1)} \\ & & \cdots & & \\ R_{q,0} & \cdots & R_{q,n} & \cdots & R_{q,(Q-1)} \\ & & \cdots & & \\ R_{(Q-1),0} & \cdots & R_{(Q-1),n} & \cdots & R_{(Q-1),(Q-1)} \end{bmatrix}_{(\tau)} \begin{bmatrix} E^0 \\ \vdots \\ E^n \\ \vdots \\ E^{Q-1} \end{bmatrix} \tag{4.33}
$$

式中，与 τ 有关的互相关矩阵 $R_{(\tau)}$ 可以直接数值求解，也可以采用文献 [128] 中的解析法求解。文献 [128] 中关于 AH 基函数互相关运算公式为

$$
\phi_q(t) * \phi_n(t) = \begin{cases} (-1)^{q+n} l_n^{q-n} \left(\dfrac{t^2}{2} \right), & t \geqslant 0 \\ l_n^{q-n} \left(\dfrac{t^2}{2} \right), & t < 0 \end{cases} \quad (n \leqslant q) \tag{4.34}
$$

式中，$l_n^q(t)$ 为正交加权拉盖尔基函数，$l_n^q(t) = \dfrac{t^{n/2} \mathrm{e}^{-t/2} \mathrm{L}_n^q(t)}{\sqrt{(q+n)!/n!}}$，其中多项式 $\mathrm{L}_n^q(t)$ 为拉盖尔多项式。

3) AH 系统转移矩阵法[111]

式 (4.30) 也可写成卷积运算形式

$$E_\tau^q = \int E(t-\tau)\phi_q(t)\,\mathrm{d}t = E(-t) \otimes \phi_q(t)\big|_{t=\tau} \tag{4.35}$$

式中，$\otimes$ 为卷积运算。若令 $y^q(t) = E(-t) \otimes \phi_q(t)$，并将其用 AH 基函数展开

为 $y^q(t) = \sum\limits_{n=0}^{Q-1} Y_{n,q}\phi_n(t)$，其中 $Y_{n,q} = \langle y^q(t), \phi_n(t)\rangle = \langle E(-t) \otimes \phi_q(t), \phi_n(t)\rangle =$

$H_{ah(E(-t))}^{\mathrm{Trans}}(n,q)$(根据 2.2 节中 AH 系统转移矩阵的计算公式)。则式 (4.35) 也可写

成 $y^q(t)$ 在 τ 时刻的采样

$$E_\tau^q = y^q(t)\big|_{t=\tau} = [Y_{0,q} \cdots Y_{n,q} \cdots Y_{Q-1,q}] \begin{bmatrix} \phi_0(\tau) \\ \vdots \\ \phi_n(\tau) \\ \vdots \\ \phi_{Q-1}(\tau) \end{bmatrix} \tag{4.36}$$

注意：$Y_{n,q}$ 既为 $y^q(t)$ 的第 n 个展开系数，又为 $E(-t)$ 的 AH 系统转移矩阵

$H_{ah(E(-t))}^{\mathrm{Trans}}$ 中位于 (n,q) 处的元素。因此，所有阶展开系数可写为

$$E_\tau = \begin{bmatrix} E_\tau^0 \\ \vdots \\ E_\tau^q \\ \vdots \\ E_\tau^{Q-1} \end{bmatrix} = \left(H_{ah(E(-t))}^{\mathrm{Trans}}\right)^{\mathrm{T}} \begin{bmatrix} \phi_0(\tau) \\ \vdots \\ \phi_n(\tau) \\ \vdots \\ \phi_{Q-1}(\tau) \end{bmatrix}$$

$$= \begin{bmatrix} Y_{0,0} & \cdots & Y_{0,q} & \cdots & Y_{0,Q-1} \\ & & \vdots & & \\ Y_{n,0} & \cdots & Y_{n,q} & \cdots & Y_{n,Q-1} \\ & & \vdots & & \\ Y_{Q-1,0} & \cdots & Y_{Q-1,q} & \cdots & Y_{Q-1,Q-1} \end{bmatrix}^{\mathrm{T}} \begin{bmatrix} \phi_0(\tau) \\ \vdots \\ \phi_n(\tau) \\ \vdots \\ \phi_{Q-1}(\tau) \end{bmatrix} \tag{4.37}$$

4) AH 平移线性算子法

采取 2.3.3 小节中的 AH 平移矩阵或者向量算子，直接计算平移之后的 AH 展

开系数，最终也能得到式 (4.33) 的结果。事实上，AH 平移算子和互相关矩阵 $R_{(\tau)}$

等价，是互相关矩阵的一种数值逼近形式。证明如下：

$$\begin{aligned} H_{ah(\mathrm{e}^{\mathrm{j}\omega\tau})}(n,q) &= H_{ah(\delta(t-\tau))}^{\mathrm{Trans}}(n,q) = \langle \delta(t-\tau) \otimes \phi_q(t), \phi_n(t)\rangle \\ &= \langle \phi_q(t-\tau), \phi_n(t)\rangle = \phi_q(t) * \phi_n(t)\big|_{t=\tau} = R_{q,n(\tau)} \end{aligned} \tag{4.38}$$

因为 $H_{ah(e^{j\omega n\tau})} = \left(H_{ah(e^{j\omega\tau})}\right)^n$，所以可以对互相关矩阵得到如下推论 $R_{(n\tau)} = \left(R_{(\tau)}\right)^n$。但这个推论尚未得到理论证明。

总结以上四种方法，统计它们的计算复杂度，如表 4.3 所示。由表可见，互相关矩阵解析方法的方法复杂度最小，但没有考虑计算互相关函数的复杂情况，其次为 AH 平移算子法，因为本质上 AH 平移算子就是互相关矩阵，而系统转移矩阵法在求得转移矩阵的前提下和 AH 平移算子法复杂度保持一致。一般情况下，由于时间采样点数 N 远大于阶数 Q，因此直接法方法复杂度最大。

表 4.3 计算复杂度对比

方法		复杂度	
		乘法	加法
直接法		LNQ	$L(N-1)Q$
互相关矩阵法	数值	$L(NQ^2 + Q^2)$	$LN(Q-1)Q$
	解析	LQ^2	$L(Q-1)Q$
AH 系统转移矩阵法		$N^2Q^2 + LQ^2$	$(N-1)^2Q^2 + L(Q-1)Q$
AH 平移算子法		$NQ + LQ^2$	$(N-1)Q + L(Q-1)Q$

注：Q 为基函数空间维数；N 为时间采样数；L 为入射场离散点数。

4.3 AH FDTD 按阶并行吸收边界

在原始 AH FDTD 方法中推导了一阶 Mur 吸收边界，下面介绍基于按阶并行求解的 AH FDTD 方法中的 Mur 吸收边界以及其他吸收边界条件的推导和吸收性能的分析。其他吸收边界包括 Berenger PML 吸收边界、UPML 吸收边界、CFS-PML 吸收边界和基于转移函数 (TF) 的吸收边界。

4.3.1 一阶 Mur 吸收边界

将式 (3.24) 和式 (3.25) 中包含初始条件的矩阵 α_0 替换为 AH 微分系统转移矩阵 α 后可得

$$\left(\frac{2cl}{\Delta x_{n_x}}I + \alpha\right) E_y|_{n_x+1,j} = \left(\frac{2cl}{\Delta x_{n_x}}I - \alpha\right) E_y|_{n_x,j} \tag{4.39}$$

$$\left(\frac{2cl}{\Delta x_1}I + \alpha\right) E_y|_{1,j} = \left(\frac{2cl}{\Delta x_1}I - \alpha\right) E_y|_{2,j} \tag{4.40}$$

将式 (4.39) 和式 (4.40) 变换到 AH 特征域后有

$$\left(\frac{2cl}{\Delta x_I} + \lambda_q\right) E_y^*\big|_{n_x+1,j} = \left(\frac{2cl}{\Delta x_I} - \lambda_q\right) E_y^*\big|_{n_x,j} \tag{4.41}$$

$$\left(\frac{2cl}{\Delta x_I} + \lambda_q\right) E_y^*\big|_{1,j}^q = \left(\frac{2cl}{\Delta x_I} - \lambda_q\right) E_y^*\big|_{2,j}^q \tag{4.42}$$

将以上电场边界条件代入磁场方程, 得到更新的五点方程。例如, 当 $i = n_x$ 时, 五点方程转化为四点方程

$$a_{l(n_x,j)}^* \, H_z^*\big|_{n_x-1,j}^q + a_{m(n_x,j)}^* \, H_z^*\big|_{n_x,j}^q$$
$$+ a_{d(n_x,j)}^* \, H_z^*\big|_{n_x,j-1}^q + a_{u(n_x,j+1)}^* \, H_z^*\big|_{n_x,j+1}^q = 0 \tag{4.43}$$

式中,

$$a_{l(n_x,j)}^* = \overline{C}_x^E\big|_{n_x,j} \, \overline{C}_x^H\big|_{n_x,j} \rho\lambda_q^{-1}, \quad \rho = 1 - \left(\frac{2cl}{\Delta x} - \lambda_q\right) \Big/ \left(\frac{2cl}{\Delta x} + \lambda_q\right)$$

$$a_{u(n_x,j+1)}^* = \overline{C}_y^E\big|_{n_x,j+1} \, \overline{C}_y^H\big|_{n_x,j} \lambda_q^{-1}, \quad a_{d(n_x,j)}^* = \overline{C}_y^E\big|_{n_x,j} \, \overline{C}_y^H\big|_{n_x,j} \lambda_q^{-1}$$

$$a_{m(n_x,j)}^* = -\left(a_{l(in_x,j)}^* + a_{d(n_x,j)}^* + a_{u(in_x,j+1)}^* + \lambda_q\right)$$

从式 (4.43) 可以看出, 对于右边界 $i = n_x$ 上的磁场方程, 不再有 a_r^* 这一系数, 同时需要修正的系数仅仅是 $a_{l(n_x,j)}^*$, 乘以修正因子 ρ 即可。其他边界的情况可以此类推得到。

4.3.2　Berenger PML 吸收边界

自由空间 TEz 模式下的 Berenger PML 麦克斯韦方程为

$$\frac{\partial E_x}{\partial t} + \frac{\sigma_y}{\varepsilon_0} E_x = \frac{1}{\varepsilon_0} \frac{\partial H_z}{\partial y} \tag{4.44}$$

$$\frac{\partial E_y}{\partial t} + \frac{\sigma_x}{\varepsilon_0} E_y = -\frac{1}{\varepsilon_0} \frac{\partial H_z}{\partial x} \tag{4.45}$$

$$\frac{\partial H_{zy}}{\partial t} + \frac{\sigma_y^*}{\mu_0} H_{zy} = \frac{1}{\mu_0} \frac{\partial E_x}{\partial y} \tag{4.46}$$

$$\frac{\partial H_{zx}}{\partial t} + \frac{\sigma_x^*}{\mu_0} H_{zx} = -\frac{1}{\mu_0} \frac{\partial E_y}{\partial x} \tag{4.47}$$

式中, σ_ξ 和 $\sigma_\xi^*(\xi = x, y)$ 分别为 PML 吸收边界的电导率和磁导率。对式 (4.44)~式 (4.47) 采取 AH 特征域变换后可直接得

$$\lambda_y \, E_x^*|_{i,j} = C_y^E|_{i,j} \, \left(H_z^*|_{i,j} - H_z^*|_{i,j-1} \right) \tag{4.48}$$

$$\lambda_x E_y^*|_{i,j} = -C_x^E|_{i,j} \, \left(H_z^*|_{i,j} - H_z^*|_{i-1,j} \right) \tag{4.49}$$

$$\lambda_y^* \, H_{zy}^*|_{i,j} = C_y^H|_{i,j} \, \left(E_x^*|_{i,j+1} - E_x^*|_{i,j} \right) \tag{4.50}$$

$$\lambda_x^* \, H_{zx}^*|_{i,j} = -C_x^H|_{i,j} \, \left(E_y^*|_{i+1,j} - E_y^*|_{i,j} \right) \tag{4.51}$$

式中，$\lambda_\xi = \lambda_q + \left(\sigma_\xi|_{i,j} / \varepsilon_0 \right)$，$\lambda_\xi^* = \lambda_q + \left(\sigma_\xi^*|_{i,j} / \mu_0 \right)$，$H_z^*|_{i,j} = H_{zx}^*|_{i,j} + H_{zy}^*|_{i,j}$。由此，可得磁场的 PML 区域的五点方程：

$$a_{l(i,j)}^* \, H_z^*|_{i-1,j}^q + a_{r(i+1,j)}^* \, H_z^*|_{i+1,j}^q + a_{m(i,j)}^* \, H_z^*|_{i,j}^q$$
$$+ \, a_{d(i,j)}^* \, H_z^*|_{i,j-1}^q + a_{u(i,j+1)}^* \, H_z^*|_{i,j+1}^q = 0 \tag{4.52}$$

式中，

$$a_{l(i,j)}^* = \overline{C}_x^E\Big|_{i,j} \, \overline{C}_x^H\Big|_{i,j} \lambda_x^{*-1} \lambda_x^{-1}, \quad a_{r(i+1,j)}^* = \overline{C}_x^E\Big|_{i+1,j} \, \overline{C}_x^H\Big|_{i,j} \lambda_x^{*-1} \lambda_x^{-1}$$

$$a_{u(i,j+1)}^* = \overline{C}_y^E\Big|_{i,j+1} \, \overline{C}_y^H\Big|_{i,j} \lambda_y^{*-1} \lambda_y^{-1}, \quad a_{d(i,j)}^* = \overline{C}_y^E\Big|_{i,j} \, \overline{C}_y^H\Big|_{i,j} \lambda_y^{*-1} \lambda_y^{-1}$$

$$a_{m(i,j)}^* = - \left(a_{l(i,j)}^* + a_{r(i+1,j)}^* + a_{d(i,j)}^* + a_{u(i,j+1)}^* + 1 \right)$$

下面通过一个算例来验证 PML 吸收边界的正确性和有效性，算例配置如图 4.5(a) 所示。平面波从总场、散射场连接边界处引入，经过介质方柱散射后总场区域和散射场区域分别取样，其结果和传统 FDTD 方法计算结果相吻合，如图 4.5(c) 和图 4.5(d) 所示。这说明 PML 吸收边界正确。然后采用双网格法[129]对靠近 PML

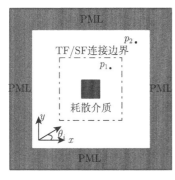

(a) 计算区域配置图

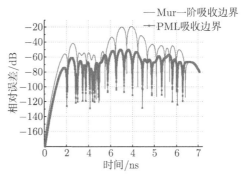

(b) PML吸收边界与Mur吸收边界吸收效果对比

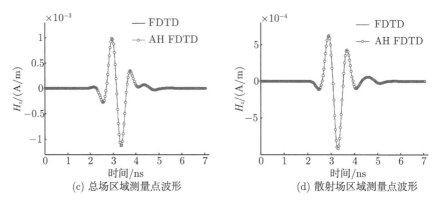

(c) 总场区域测量点波形   (d) 散射场区域测量点波形

图 4.5   有耗介质方柱散射时 PML 吸收效果验证

吸收边界 2 个网格的 p_2 点采样, 得到吸收边界的反射误差几乎在 −60dB 以下, 相比一阶 Mur 吸收边界提升了 40dB 左右, 如图 4.5(b) 所示。因此说明 PML 吸收边界有效。

4.3.3   UPML 吸收边界

各向异性介质完全匹配层 (UPML)Maxwell 方程为

$$\nabla \times \vec{E} = -\mathrm{j}\omega\mu_0 \left(\mu_r + \frac{\sigma_m}{\mathrm{j}\omega\varepsilon_0} \right) \overline{\overline{\mu}}\vec{H} \tag{4.53}$$

$$\nabla \times \vec{H} = \mathrm{j}\omega\varepsilon_0 \left(\varepsilon_r + \frac{\sigma_e}{\mathrm{j}\omega\varepsilon_0} \right) \overline{\overline{\varepsilon}}\vec{E} \tag{4.54}$$

式中,

$$\overline{\overline{\varepsilon}} = \overline{\overline{\mu}} = \begin{bmatrix} s_y s_z / s_x & 0 & 0 \\ 0 & s_x s_z / s_y & 0 \\ 0 & 0 & s_x s_y / s_z \end{bmatrix} \tag{4.55}$$

$$s_\xi = \kappa_{pe\xi} + \frac{\sigma_{pe\xi}}{\mathrm{j}\omega\varepsilon_0} = \kappa_{pm\xi} + \frac{\sigma_{pm\xi}}{\mathrm{j}\omega\mu_0}, \quad (\xi = x, y, z) \tag{4.56}$$

式中, $\sigma_{pe\xi}$ 和 $\sigma_{pm\xi}$ 分别为电损耗和磁损耗; $\kappa_{pe\xi}$ 和 $\kappa_{pm\xi}$ 为 s_ξ 的实部。则二维 TEz 波情形下, 式 (4.53) 和式 (4.54) 可写为

$$\mathrm{j}\omega\varepsilon_0 \left(\varepsilon_r + \frac{\sigma_e}{\mathrm{j}\omega\varepsilon_0} \right) E_x = \frac{s_x}{s_y} \frac{\partial}{\partial y} H_z \tag{4.57}$$

$$\mathrm{j}\omega\varepsilon_0 \left(\varepsilon_r + \frac{\sigma_e}{\mathrm{j}\omega\varepsilon_0} \right) E_y = -\frac{s_y}{s_x} \frac{\partial}{\partial x} H_z \tag{4.58}$$

$$\mathrm{j}\omega\mu_0 \left(\mu_r + \frac{\sigma_m}{\mathrm{j}\omega\mu_0} \right) H_z = \frac{1}{s_x s_y} \left(\frac{\partial E_x}{\partial y} - \frac{\partial E_y}{\partial x} \right) \tag{4.59}$$

根据前文 AH 线性算子的运算规则式 (4.57)~式 (4.59)，可以直接转换到 AH 域[112]

$$\alpha_{e(i,j)}\, E_x|_{i,j} = \alpha_{Sey(i,j)}^{-1}\alpha_{Sex(i,j)}\left(H_z|_{i,j} - H_z|_{i,j-1}\right)/\Delta\overline{y}_j \tag{4.60}$$

$$\alpha_{e(i,j)}\, E_y|_{i,j} = -\alpha_{Sex(i,j)}^{-1}\alpha_{Sey(i,j)}\left(H_z|_{i,j} - H_z|_{i-1,j}\right)/\Delta\overline{x}_i \tag{4.61}$$

$$\alpha_{m(i,j)}H_y|_{i,j} = \alpha_{Smy(i,j)}^{-1}\alpha_{Smx(i,j)}^{-1}\left(E_x|_{i,j+1} - E_x|_{i,j}\right)/\Delta y_j$$
$$- \alpha_{Smx(i,j)}^{-1}\alpha_{Smx(i,j)}^{-1}\left(E_y|_{i+1,j} - E_y|_{i,j}\right)/\Delta x_i \tag{4.62}$$

式中，

$$\alpha_{e(i,j)} = \varepsilon_0\varepsilon_r|_{i,j}\,\alpha + \sigma_e|_{i,j}\,\beta, \quad \alpha_{m(i,j)} = \mu_0\,\mu_r|_{i,j}\,\alpha + \sigma_m|_{i,j}\,\beta$$

$$\alpha_{Se\xi(i,j)} = \alpha_{Sm\xi(i,j)} = \kappa_{pe\xi}|_{i,j}\,\beta + \left(\sigma_{pe\xi}|_{i,j}\,/\varepsilon_0\right)\alpha^{-1}$$

$$= \kappa_{pm\xi}|_{i,j}\,\beta + \left(\sigma_{pm\xi}|_{i,j}\,/\mu_0\right)\alpha^{-1}$$

将式 (4.60) 和式 (4.61) 代入式 (4.62)，消去电场分量，得到关于磁场的五点方程：

$$a_{l(i,j)}\, H_z|_{i-1,j} + a_{r(i+1,j)}\, H_z|_{i+1,j} + a_{m(i,j)}\, H_z|_{i,j}$$
$$+ a_{d(i,j)}\, H_z|_{i,j-1} + a_{u(i,j+1)}\, H_z|_{i,j+1} = 0 \tag{4.63}$$

式中，

$$a_{d(i,j)} = \alpha_{Smy(i,j)}^{-1}\alpha_{Sey(i,j)}^{-1}\alpha_{e(i,j)}^{-1}/\Delta\overline{y}_j/\Delta y_j,$$

$$a_{u(i,j+1)} = \alpha_{Smy(i,j)}^{-1}\alpha_{Sey(i,j+1)}^{-1}\alpha_{e(i,j+1)}^{-1}/\Delta\overline{y}_{j+1}/\Delta y_j,$$

$$a_{l(i,j)} = \alpha_{Smx(i,j)}^{-1}\alpha_{Sex(i,j)}^{-1}\alpha_{e(i,j)}^{-1}/\Delta\overline{x}_i/\Delta x_i,$$

$$a_{r(i+1,j)} = \alpha_{Smx(i,j)}^{-1}\alpha_{Sex(i+1,j)}^{-1}\alpha_{e(i+1,j)}^{-1}/\Delta\overline{x}_{i+1}/\Delta x_i,$$

$$a_{m(i,j)} = -\left(a_{r(i+1,j)} + a_{l(i,j)} + a_{u(i,j+1)} + a_{d(i,j)} + \alpha_{m(i,j)}\right)$$

对以上五点方程采用特征值变换，可得到特征域下按阶并行求解的五点方程。

下面通过一个算例来验证 UPML 吸收边界的正确性和有效性，算例配置如图 4.6(a) 所示。平面波从总场、散射场连接边界处引入，经过半无线大介质中的金属方柱散射后对总场区域和散射场区域分别取样，其结果和传统 FDTD 方法计算结果相吻合，如图 4.6(b) 所示，说明 UPML 吸收边界正确。同样采用双网格法[133]对靠近 UPML 吸收边界 2 个网格 (8mm) 的 p_2 点采样，得到不同层数的 UPML 吸收边界条件下的反射误差结果，如图 4.6(c) 所示。相比一阶 Mur 吸收边界 UPML 的吸收效果都有明显提升，同时可以看出，随着层数增加，吸收效果越来越好。特别是当层数为 12 层时相对反射误差几乎在 −90dB 以下。因此说明 UPML 吸收边界有效。

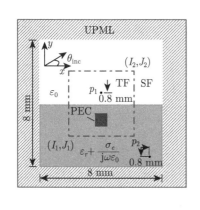

(a) 计算区域配置图

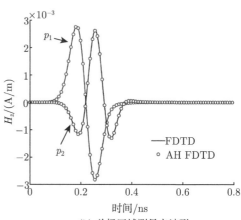

(b) 总场区域测量点波形

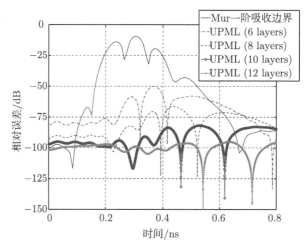

(c) 不同层数UPML吸收边界与Mur吸收边界吸收效果对比

图 4.6 半无限大介质层中有耗介质方柱散射时 UPML 吸收效果验证[112]

4.3.4 CFS-PML 吸收边界

二维有耗介质中 CFS-PML 吸收边界的时域麦克斯韦 TEz 波方程为

$$\varepsilon_x \frac{\partial E_x}{\partial t} + \sigma_x^e E_x = \frac{1}{s_{ey}} \frac{\partial H_z}{\partial y} - J_x \tag{4.64}$$

$$\varepsilon_y \frac{\partial E_y}{\partial t} + \sigma_y^e E_y = -\frac{1}{s_{ex}} \frac{\partial H_z}{\partial x} - J_y \tag{4.65}$$

$$\mu_z \frac{\partial H_z}{\partial t} + \sigma_z^m H_z = \frac{1}{s_{my}} \frac{\partial E_x}{\partial y} - \frac{1}{s_{mx}} \frac{\partial E_y}{\partial x} - M_z \tag{4.66}$$

式中, ε_ξ 和 μ_ξ 分别为介电常数和磁导率 $(\xi = x, y)$; s 为辅助变量:

$$s_{e\xi} = \kappa_{e\xi} + \sigma_{pe\xi}/(\eta_{e\xi} + \mathrm{j}\omega\varepsilon_0), \quad s_{m\xi} = \kappa_{m\xi} + \sigma_{pm\xi}/(\eta_{m\xi} + \mathrm{j}\omega\mu_0)$$

对式 (4.64)～式 (4.66) 进行 AH 域变换, 并且在空间上进行离散得

$$\alpha_{x(i,j)}^e \left. E_x \right|_{i,j} = \alpha_{Sey(i,j)}^{-1} \left(\left. H_z \right|_{i,j} - \left. H_z \right|_{i,j-1} \right) / \Delta \overline{y}_j - \left. J_x \right|_{i,j} \tag{4.67}$$

$$\alpha_{y(i,j)}^e \left. E_y \right|_{i,j} = -\alpha_{Sex(i,j)}^{-1} \left(\left. H_z \right|_{i,j} - \left. H_z \right|_{i-1,j} \right) / \Delta \overline{x}_i - \left. J_y \right|_{i,j} \tag{4.68}$$

$$\alpha_{z(i,j)}^m \left. H_z \right|_{i,j} = \alpha_{Smy(i,j)}^{-1} \left(\left. E_x \right|_{i,j+1} - \left. E_x \right|_{i,j} \right) / \Delta y_j$$
$$- \alpha_{Smx(i,j)}^{-1} \left(\left. E_y \right|_{i+1,j} - \left. E_y \right|_{i,j} \right) / \Delta x_i - \left. M_z \right|_{i,j} \tag{4.69}$$

式中,

$$\alpha_{\xi(i,j)}^e = \left. \varepsilon_\xi \right|_{i,j} \alpha + \left(\left. \sigma_\xi^e \right|_{i,j} \right) I, \quad \alpha_{z(i,j)}^m = \left. \mu_z \right|_{i,j} \alpha + \left(\left. \sigma_z^m \right|_{i,j} \right) I$$

$$\alpha_{Se\xi(i,j)} = \left. \kappa_{e\xi} \right|_{i,j} I + \left. \sigma_{pe\xi} \right|_{i,j} \left(\left. \eta_{e\xi} \right|_{i,j} I + \alpha\varepsilon_0 \right)^{-1},$$

$$\alpha_{Sm\xi(i,j)} = \left. \kappa_{m\xi} \right|_{i,j} I + \left. \sigma_{pm\xi} \right|_{i,j} \left(\left. \eta_{m\xi} \right|_{i,j} I + \alpha\mu_0 \right)^{-1}$$

将式 (4.67)～式 (4.69) 中的电场代入磁场得到关于磁场展开系数的五点方程:

$$a_{l(i,j)} \left. H_z \right|_{i-1,j} + a_{r(i+1,j)} \left. H_z \right|_{i+1,j} + a_{m(i,j)} \left. H_z \right|_{i,j}$$
$$+ a_{d(i,j)} \left. H_z \right|_{i,j-1} + a_{u(i,j+1)} \left. H_z \right|_{i,j+1} = b_{i,j} \tag{4.70}$$

式中,

$$a_{u(i,j+1)} = \alpha_{Smy(i,j)}^{-1} \alpha_{Sey(i,j+1)}^{-1} \alpha_{x(i,j+1)}^{e-1} / \Delta \overline{y}_{j+1} / \Delta y_j,$$

$$a_{d(i,j)} = \alpha_{Smy(i,j)}^{-1} \alpha_{Sey(i,j)}^{-1} \alpha_{x(i,j)}^{e-1} / \Delta \overline{y}_j / \Delta y_j$$

$$a_{l(i,j)} = \alpha_{Smx(i,j)}^{-1} \alpha_{Sex(i,j)}^{-1} \alpha_{y(i,j)}^{e-1} / \Delta \overline{x}_i / \Delta x_i,$$

$$a_{r(i+1,j)} = \alpha_{Smx(i,j)}^{-1} \alpha_{Sex(i+1,j)}^{-1} \alpha_{y(i+1,j)}^{e-1} / \Delta \overline{x}_{i+1} / \Delta x_i$$

$$a_{m(i,j)} = - \left(a_{r(i+1,j)} + a_{l(i,j)} + a_{u(i,j+1)} + a_{d(i,j)} + \alpha_{z(i,j)}^m \right)$$

$$b_{i,j} = \alpha_{Smy(i,j)}^{-1} \left(\left. \alpha_{x(i,j+1)}^{m-1} J_x \right|_{i,j+1} - \left. \alpha_{x(i,j)}^{m-1} J_x \right|_{i,j} \right) / \Delta y$$

$$- \alpha_{Smx(i,j)}^{-1} \left(\alpha_{y(i+1,j)}^{m-1} J_y \Big|_{i+1,j} - \alpha_{y(i,j)}^{m-1} J_y \Big|_{i,j} \right) / \Delta x + M_z \Big|_{i,j}$$

对式 (4.70) 进行特征值变换, 得到其特征值域下的方程

$$A\left(\lambda_q\right) H_z^* \big|^q = b^* \big|^q \tag{4.71}$$

下面通过一个算例来验证 CFS-PML 吸收边界的吸收效果。考虑 TEz 模式下二维无限长磁流源的辐射场分布。选取最高频为 1GHz 的高斯脉冲作为激励源 M_z, 整个计算区域为 52×52 个均匀网格, 并被 10 层 PML 吸收边界截断。延伸坐标中 PML 参数设置为

$$\kappa_\xi \left(\zeta \right) = 1 + \left(\kappa_{\max} - 1 \right) \left(\zeta / D \right)^n \tag{4.72}$$

$$\sigma_\xi \left(\zeta \right) = \sigma_{\max} \left(\zeta / D \right)^n \tag{4.73}$$

$$\sigma_{\mathrm{opt}} = \left(n + 1 \right) / \left(150\pi\Delta\xi \right) \tag{4.74}$$

式中, ζ 代表计算区域边界到 PML 吸收边界的距离; D 为吸收边界的厚度; n 为阶数。在这个算例中, n 取 4, 衰减因子 η_ξ 保持常数 0.007, $\kappa_{\max}$=700 和 $\frac{\sigma_{\max}}{\sigma_{\mathrm{opt}}} = 1$。AH 基函数的平移和尺度因子分别取 T_f=3.5ns 和 $l = 4.1 \times 10^{-10}$, 基函数空间阶数为 20 阶。

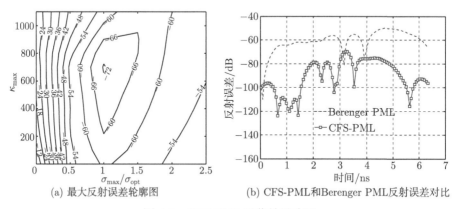

(a) 最大反射误差轮廓图　　　　　(b) CFS-PML和Berenger PML反射误差对比

图 4.7　CFS-PML 吸收效果验证

采用双网格技术, 观测点设置在距离吸收边界 2 个网格的位置。拓展网格的总网格数为 148×148 个。吸收边界反射特性测试中先保持 n 和 η 不变, 设置优化程序画出最小反射误差关于 $\kappa_{\max}$ 和 $\frac{\sigma_{\max}}{\sigma_{\mathrm{opt}}}$ 变化的轮廓图, 如图 4.7(a) 所示。从图中可以看出最小反射误差为 -72dB, 此时最优参数大概为 $\kappa_{\max}$=710 和 $\frac{\sigma_{\max}}{\sigma_{\mathrm{opt}}}$=1.1。

当参数选取设为 $\eta=0$，$\kappa_{\max}=1$ 和 $\dfrac{\sigma_{\max}}{\sigma_{\mathrm{opt}}}=1$ 时，CFS-PML 可看做退化为常规的 PML 吸收边界，其反射性能和选取最优参数时的计算结果对比如图 4.7(b) 所示。可以看出，相比常规 PML 吸收边界，CFS-PML 吸收边界性能改善了将近 20dB。

4.4　AH FDTD 高效方法

按阶并行求解的 AH FDTD 方法在原始 AH FDTD 方法的基础上使得内存消耗大大减少，计算效率也得到进一步提高，本节研究在按阶并行基础上的高效求解方案。因为每一阶矩阵方程的系数矩阵仍然是一个条带比较宽的大型稀疏矩阵，则根据前文分析，若整个计算区域的大小为 $n_x \times n_y$，且 $n_y \leqslant n_x$，则内存消耗为

$$M^* = \frac{\left[N + 2\sum_{n=1}^{n_y} (N-n) \right] \times \dfrac{Q}{2} \times m}{1024^2} (\mathrm{Mbit}) \tag{4.75}$$

从该公式可以发现，M^* 随着 n_y 的变大而增大。对于 "矩形" 或 "近矩形" 区域的计算，计算内存会相对增大。因此，若要继续提高按阶并行的求解效率，还需继续寻求减少内存消耗的方案。下面介绍采用交替方向隐式 (ADI) 的迭代方法和基于空域特征值变换的方法对 AH FDTD 进行高效求解。

4.4.1　基于交替方向迭代的 AH FDTD 高效方法及算例验证

交替方向迭代法是求解大规模稀疏矩阵的有效方法，它通过分裂系数矩阵的方法将高维问题分解成多个低维子问题进行迭代，可大大节省计算内存，提高计算效率。

下面结合前文推导的 CFS-PML 中的 AH FDTD 公式进行推导。将按阶并行求解方程 (4.71) 的系数矩阵 $A(\lambda_q)$ 进行如下分裂

$$A(\lambda_q) = L_x + L_y \tag{4.76}$$

使得式 (4.71) 改写成分裂形式

$$L_x \left. H_z^* \right|_{i,j} + L_y \left. H_z^* \right|_{i,j} = \left. b^* \right|_{i,j} \tag{4.77}$$

式中，

$$L_x \left. H_z^* \right|_{i,j} = a_l \left. H_z^* \right|_{i-1,j} - (a_r + a_l) \left. H_z^* \right|_{i,j} + a_r \left. H_z^* \right|_{i+1,j} - \theta \lambda_z^m \left. H_z^* \right|_{i,j} \tag{4.78}$$

$$L_y \left. H_z^* \right|_{i,j} = a_d \left. H_z^* \right|_{i,j-1} - (a_u + a_d) \left. H_z^* \right|_{i,j} + a_u \left. H_z^* \right|_{i,j+1} - (1-\theta) \lambda_z^m \left. H_z^* \right|_{i,j} \tag{4.79}$$

且 $0 \leqslant \theta \leqslant 1$。对式 (4.77) 可以采取交替方向的两步迭代方法求解。两步的实现过程如下：

$$\left(\tau_{1k}I + L_y\right) H_z^*|_{i,j}^{k+1/2} = \left(\tau_{1k}I - L_x\right) H_z^*|_{i,j}^{k} + b^*|_{i,j} \tag{4.80}$$

$$\left(\tau_{2k}I + L_x\right) H_z^*|_{i,j}^{k+1} = \left(\tau_{2k}I - L_y\right) H_z^*|_{i,j}^{k+1/2} + b^*|_{i,j} \tag{4.81}$$

因为式 (4.78) 和式 (4.79) 中的 L_ξ 为三对角矩阵，所以这两个交替求解的过程也为三对角矩阵方程求解。

现采取谱半径法对该迭代方法进行稳定性分析。将式 (4.80) 代入式 (4.81) 得到进一步的迭代公式：

$$H_z^*|_{i,j}^{k+1} = T_{\tau_{1k},\tau_{2k}} H_z^*|_{i,j}^{k} + \Phi_k \tag{4.82}$$

式中，单步迭代矩阵为

$$T_{\tau_{1k},\tau_{2k}} = \left(\tau_{2k}I + L_x\right)^{-1} \left(\tau_{2k}I - L_y\right) \left(\tau_{1k}I + L_y\right)^{-1} \left(\tau_{1k}I - L_x\right) \tag{4.83}$$

$$\Phi_k = \left(\tau_{1k} + \tau_{2k}\right) \left(\tau_{2k}I + L_x\right)^{-1} \left(\tau_{1k}I + L_y\right)^{-1} b^*|_{i,j} \tag{4.84}$$

若迭代次数为 K，则总的迭代矩阵可以写成

$$T_{\tau_1,\tau_2} = \prod_{k=1}^{K} |T_{\tau_{1k},\tau_{2k}}| \tag{4.85}$$

因此，可得该迭代矩阵的谱半径为

$$S\left(T_{\tau_1,\tau_2}\right) = \max_{\rho_\xi \in \Omega_\xi} \left\{ \prod_{k=1}^{K} \left| \frac{\left(\tau_{1k} - \rho_x\right)\left(\tau_{2k} - \rho_y\right)}{\left(\tau_{1k} + \rho_y\right)\left(\tau_{2k} + \rho_x\right)} \right| \right\} \tag{4.86}$$

式中，ρ_ξ 为矩阵 L_ξ 的某一个特征值。这些特征值实际上为微分矩阵特征值 λ 的函数，而 λ 可以从 2.3.1 小节介绍的特征值曲线簇中提取，因此 ρ_ξ 实际上也能在 AH 展开系数计算前先计算出来，并存储好。并且若取迭代参数为这些特征值：$\tau_{1k} = \rho_x$ 和 $\tau_{2k} = \rho_y$，则式 (4.86) 中的谱半径 $S\left(T_{\tau_1,\tau_2}\right)$ 将随着 K 的增大而趋于零，因此得到

$$S\left(T_{\tau_1,\tau_2}\right) < 1 \tag{4.87}$$

因此，采取交替方向迭代的方法是收敛的，迭代求解是对原始矩阵方程 (4.71) 的一种有效求解方案。

和前文的分析类似，这里三对角矩阵方程求解的内存消耗为

$$M^{**} = \frac{(3N - 2) \times \dfrac{Q}{2} \times m}{1024^2} (\text{Mbit}) \tag{4.88}$$

通过联立式 (4.75) 和式 (4.88)，得到高效求解方法的内存减少率

$$R = \frac{M^{**}}{M^*} = \frac{1}{1 + 2 \sum_{n=2}^{n_y} (N - n)} \tag{4.89}$$

从式 (4.89) 可以看出，若待求的未知量总数 N 不变，R 会随着 n_y 的增大而增大。特别地，当 $n_y=1$ 时，$R = 1$，两者消耗内存相等，因为此时为一维计算。而当 $n_y = n_x = \sqrt{N}$ 时，R 取最小值。因此，迭代方法尤其对于方形区域问题更能体现其优势。

下面用两个算例来验证该高效方法的正确性和有效性。

(1) 为了验证方法正确，先采用前文验证 CFS-PML 吸收边界的算例进行分析。采用三种方法对 $f = 0.5\text{GHz}$ 时归一化频域磁场幅度进行计算。这三种方法分别为 FDTD 方法、按阶并行 AH FDTD 计算方法和本节提出的交替方向迭代的 AH FDTD 方法。三种方法计算结果对比如图 4.8 所示。图 4.8 中，d 代表源到观察点的距离，λ_w 代表频率为 $f=1\text{GHz}$ 时的波长。对于高效迭代方法，将式 (4.78) 和式 (4.79) 中的 θ 设定为 $1/2$，同时依据 $|\rho_\xi|$ 递增的顺序设定参数 $\tau_{1k} = \tau_{2k} = \rho_\xi$。从图 4.8 可以看出，随着迭代次数的增加 (分别取 $K=12$，16 和 20)，高效方法计算出来的分布曲线无论在自由空间区域还是 PML 吸收边界层内都越来越逼近按阶并行 AH FDTD 方法的结果，并且这一结果和常规 FDTD 计算出来的结果吻合。当迭代次数为 20 时，图 4.8 也给出了此时整个计算空间的归一化频域磁场幅度分布结果。通过这个算例，可证明高效迭代方法的正确性。

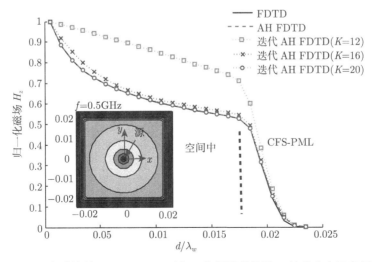

图 4.8 不同方法计算 $f = 0.5\text{GHz}$ 时归一化频域磁场沿 x 轴非分布及空间分布

(2) 考虑两个铜片插入有耗介质基后电磁波的传播问题，如图 4.9(a) 所示。铜片的电导率为 $\sigma=5.8\times10^7\text{S/m}$，介质基的相对介电常数为 $\varepsilon_r=2$，电导率为 $\sigma=300\text{S/m}$。整个计算空间离散为 58×56 的均匀网格，空间网格尺寸为 $\Delta x = \Delta y =1\text{cm}$。CFS-PML 的层数为 8 层，其参数选择为 $n = 4, \kappa_{\max}= 1, \sigma_{\max}/\sigma_{\text{opt}}= 1$ 和 $\eta_\xi= 0$。激励源 J_x 设置在两个铜片之间，选取正弦调制波为激励源：

$$J_x\left(t\right) = \exp\left[-\frac{\left(t - t_c\right)^2}{t_d^2}\right]\sin\left(2\pi f_c\left(t - t_c\right)\right) \tag{4.90}$$

式中，$t_d = \dfrac{1}{2f_c}, t_c = 4t_d$，且 $f_c=1\text{MHz}$。整个仿真时间长度为 $T_s=6400\text{ns}$，带宽为 $W_s=3\text{MHz}$。AH 域的参数选择为 $T_f=3200\text{ns}, l=3.35\times10^{-7}$ 和 $Q=60$。对于传统的 FDTD 方法，选取时间步为 0.9 倍稳定性条件的 $\Delta t= 21.2\text{ps}$，总的时间步进数为

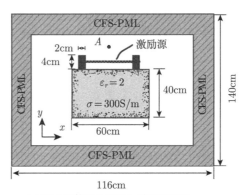

(a) 两个导体插入导电介质基配置图

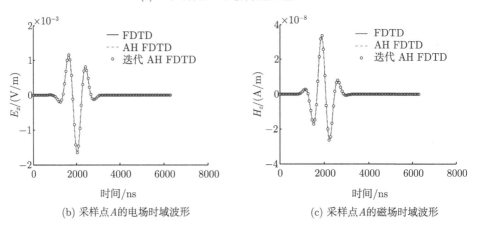

(b) 采样点 A 的电场时域波形   (c) 采样点 A 的磁场时域波形

图 4.9   半无限大介质层中有耗介质方柱散射时 CFS-PML 吸收效果验证

300000。而 AH FDTD 方法不受该条件的限制，其计算效率取决于计算空间的网格数目。迭代参数选取为 $\theta = \dfrac{1}{2}, \tau_{1k} = \tau_{2k} = \rho_{\xi}$ 和 $K = 30$。

图 4.9(b) 和图 4.9(c) 展示不同方法计算出来的测量点 A 的电场 E_x 分量和磁场 H_z 的时域波形。测量点 A 位于源 J_x 正上方 5 个网格的位置。从两图可以看出不同方法计算结果的一致性，这也再次验证了高效方法的正确性。表 4.4 展示了计算资源的比较。可以看出，相比 AH FDTD 方法，高效方法的计算内存大大减少，同时 CPU 耗时也进一步减少。其计算内存略高于传统 FDTD 方法，但计算耗时大大减少。综上，高效方法相对原始 AH FDTD 方法的改进是有效的。

表 4.4   计算资源对比

方法	Δt	内存/Mbit	CPU 时间/s
FDTD 方法	21.2ps	1.88	359.5
AH FDTD 方法	2.12ns	74.30	40.3
迭代 AH FDTD 方法	2.12ns	3.17	7.4

值得注意的是，该高效方法虽然是以 TEz 波为基础进行推导和计算，但它同样适应于 TMz 波，下一步将研究其如何在三维 AH FDTD 方法中实现。

4.4.2   基于空域特征值变换的高效 AH FDTD 方法及算例验证

可以发现按阶并行求解的 AH FDTD 最后归结为求解下列五点泊松方程：

$$\left(\frac{\partial}{\partial x^2} + \frac{\partial}{\partial y^2} \right) E + K \cdot E = J \tag{4.91}$$

因此，该问题的求解实际上是一个经典问题，在其他许多学科中都比较常见。解决方案其实有很多，如直接法和迭代法等。在系数矩阵规模不大的情况下，采取直接法求解比较合适，而对于规模大的方程，常常用迭代法。但迭代法对 K 的取值有要求[130]，有时会使得方程病态。而很多实际问题却是病态的大规模系数矩阵方程，本书的 AH FDTD 方程就属于这一类。在讲究高效性的计算电磁学领域，寻求更高效的解决办法非常有必要。

和常规的按列或者行来排列系数矩阵的方式不同，空域特征值变换方法按照实际的空间位置 “存放” 位置量并进行编号。式 (4.91) 写成以下矩阵形式：

$$A_x E + E A_y + K \cdot E = J \tag{4.92}$$

式中，A_x 和 A_y 分别是对 x 和 y 方向的二阶偏微分，都为三对角矩阵。对它们分

别进行特征值分解

$$\begin{cases} A_x V_x = V_x \Lambda_x \\ A_y V_y = V_y \Lambda_y \end{cases} \tag{4.93}$$

对未知量 E 和已知量 J 分别进行如下特征值变换

$$\begin{cases} E = V_x E^* V_y^{\mathrm{T}} \\ J = V_x J^* V_y^{\mathrm{T}} \end{cases} \tag{4.94}$$

将式 (4.94) 代入式 (4.92) 可得

$$A_x V_x E^* V_y^{\mathrm{T}} + V_x E^* V_y^{\mathrm{T}} A_y + K \cdot \left(V_x E^* V_y^{\mathrm{T}} \right) = V_x J^* V_y^{\mathrm{T}} \tag{4.95}$$

再将式 (4.93) 代入式 (4.95)

$$V_x \Lambda_x E^* V_y^{\mathrm{T}} + V_x E^* \Lambda_y V_y^{\mathrm{T}} + K \cdot \left(V_x E^* V_y^{\mathrm{T}} \right) = V_x J^* V_y^{\mathrm{T}} \tag{4.96}$$

若 K 为常数, 则式 (4.96) 可以写成

$$\Lambda_x E^* + E^* \Lambda_y + K E^* = J^* \tag{4.97}$$

因此, 通过式 (4.97) 可以实现对 E^* 按 "位置" 求解

$$E^* (i,j) = \frac{J^* (i,j)}{\Lambda_x (i,i) + \Lambda_y (j,j) + K} \tag{4.98}$$

若 K 为与 E 有相同维度的分布参数矩阵, 则式 (4.94) 不能继续简化, 因为矩阵乘法和点乘并不满足交换律。若将式中的 $K \cdot \left(V_x E^* V_y^{\mathrm{T}} \right)$ 看成一个整体, 可以采取如下迭代计算求解 E^*:

$$E^{*n} \Lambda_x + \Lambda_y E^{*n} = -V_x^{\mathrm{T}} \left[K \cdot \left(V_x E^{*n-1} V_y^{\mathrm{T}} \right) \right] V_y + J^* \tag{4.99}$$

通过以上两种情况求解得到 E^* 后, 再通过式 (4.94) 则可以得到最终的结果 E。

下面进行算例分析和验证。设定计算区域大小为 1m×1m, 空间网格尺寸为 $\Delta x = \Delta y = 0.005$m, 则网格数为 $n_x = n_y = 200$, K 设定为 200。激励源在区域的中央取 -1, 其余位置取 0。则计算得到的场值和相对误差比较如图 4.10 所示。从图中可以看出, 空域特征值变换求得的解的精度极高, 几乎和直接法求解所得结果完全一致, 相对误差在 -240dB 以下。直接方法计算耗时为 0.22s, 而空域特征值变换方法计算耗时仅仅为 0.012s。

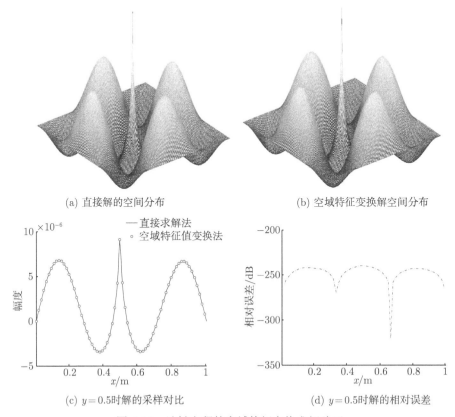

(a) 直接解的空间分布

(b) 空域特征变换解空间分布

(c) $y=0.5$时解的采样对比

(d) $y=0.5$时解的相对误差

图 4.10 泊松方程的空域特征变换求解验证

4.5 本 章 小 结

本章主要围绕基于按阶并行求解的 AH FDTD 方法开展研究。首先，推导了按阶并行求解的基本公式，并进行了算例分析和验证，实现了在原始方法基础上减内存、提效率的目的；其次，进一步讨论了在不同激励源条件下系数矩阵和已知项的不同更新情况，着重分析了平面波的两种引入方式，分别为总场、散射场连接边界引入法和平面波注入法，并研究了平面波展开系数的不同求解方法；最后，研究了两种不同的高效计算方法，包括基于交替迭代的高效计算和空域特征值变换的计算方法。

第5章 三维 AH FDTD 方法

本章讨论三维 AH FDTD 方法的建立及其相关问题。在按阶并行求解 AH FDTD 方法的基础上，结合 CFS-PML 吸收边界推导三维 AH FDTD 方法的基本公式，然后探讨系数矩阵的快速生成方法和带宽压缩方法，这些预处理为方法的最终求解奠定了基础。本章研究包括直接求解、大型稀疏矩阵线性包求解和迭代方法求解的不同计算方案，最后通过数值算例对三维 AH FDTD 方法进行验证和分析。

5.1 三维 AH FDTD 方法基本公式推导

下面以 4.1 节提出的按阶并行求解 AH FDTD 方法为基础，并结合 4.3.4 小节 CFS-PML 吸收边界公式，推导三维的 AH FDTD 方法基本公式。

考虑有耗介质中三维 Maxwell 方程

$$j\omega\varepsilon_x E_x + \sigma_x^e E_x = \frac{1}{s_{ey}}\frac{\partial H_z}{\partial y} - \frac{1}{s_{ez}}\frac{\partial H_y}{\partial z} - J_x \tag{5.1}$$

$$j\omega\varepsilon_y E_y + \sigma_y^e E_y = \frac{1}{s_{ez}}\frac{\partial H_x}{\partial z} - \frac{1}{s_{ex}}\frac{\partial H_z}{\partial x} - J_y \tag{5.2}$$

$$j\omega\varepsilon_z E_z + \sigma_z^e E_z = \frac{1}{s_{ex}}\frac{\partial H_y}{\partial x} - \frac{1}{s_{ey}}\frac{\partial H_z}{\partial y} - J_z \tag{5.3}$$

$$j\omega\mu_x H_x + \sigma_x^m H_x = \frac{1}{s_{mz}}\frac{\partial E_y}{\partial z} - \frac{1}{s_{my}}\frac{\partial E_z}{\partial y} - M_x \tag{5.4}$$

$$j\omega\mu_y H_y + \sigma_y^m H_y = \frac{1}{s_{mx}}\frac{\partial E_z}{\partial x} - \frac{1}{s_{my}}\frac{\partial E_x}{\partial y} - M_y \tag{5.5}$$

$$j\omega\mu_z H_z + \sigma_z^m H_z = \frac{1}{s_{my}}\frac{\partial E_x}{\partial y} - \frac{1}{s_{mx}}\frac{\partial E_y}{\partial x} - M_z \tag{5.6}$$

式中，ε_ξ 和 μ_ξ 分别为介电常数和磁导率，其中 $\xi = x, y, z$；s 为辅助变量：

$$s_{e\xi} = \kappa_{e\xi} + \sigma_{pe\xi}/(\eta_{e\xi} + j\omega\varepsilon_0) \tag{5.7}$$

$$s_{m\xi} = \kappa_{m\xi} + \sigma_{pm\xi}/(\eta_{m\xi} + j\omega\mu_0) \tag{5.8}$$

结合第 2 章中 AH 转移矩阵线性算子的性质, 对式 (5.1)~式 (5.6) 可以直接进行 AH 域变换, 将变换后的 AH 域方程在空间上进行离散得到

$$
\begin{aligned}
\alpha^e_{x(i,j,k)}\, E_x|_{i,j,k} = {} & \alpha^{-1}_{Sey(i,j,k)} \left(H_z|_{i,j,k} - H_z|_{i,j-1,k} \right) / \Delta \overline{y}_j \\
& - \alpha^{-1}_{Sez(i,j,k)} \left(H_y|_{i,j,k} - H_y|_{i,j,k-1} \right) / \Delta \overline{z}_k - J_x|_{i,j,k}
\end{aligned} \tag{5.9}
$$

$$
\begin{aligned}
\alpha^e_{y(i,j,k)}\, E_y|_{i,j,k} = {} & \alpha^{-1}_{Sez(i,j,k)} \left(H_x|_{i,j,k} - H_x|_{i,j,k-1} \right) / \Delta \overline{z}_k \\
& - \alpha^{-1}_{Sex(i,j,k)} \left(H_z|_{i,j,k} - H_z|_{i-1,j,k} \right) / \Delta \overline{x}_i - J_y|_{i,j,k}
\end{aligned} \tag{5.10}
$$

$$
\begin{aligned}
\alpha^e_{z(i,j,k)}\, E_z|_{i,j,k} = {} & \alpha^{-1}_{Sex(i,j,k)} \left(H_y|_{i,j,k} - H_y|_{i-1,j,k} \right) / \Delta \overline{x}_i \\
& - \alpha^{-1}_{Sey(i,j,k)} \left(H_x|_{i,j,k} - H_x|_{i,j-1,k} \right) / \Delta \overline{y}_j - J_z|_{i,j,k}
\end{aligned} \tag{5.11}
$$

$$
\begin{aligned}
\alpha^m_{x(i,j,k)}\, H_x|_{i,j,k} = {} & \alpha^{-1}_{Smz(i,j,k)} \left(E_y|_{i,j,k+1} - E_y|_{i,j,k} \right) / \Delta z_k \\
& - \alpha^{-1}_{Smy(i,j,k)} \left(E_z|_{i,j+1,k} - E_z|_{i,j,k} \right) / \Delta y_j - M_x|_{i,j,k}
\end{aligned} \tag{5.12}
$$

$$
\begin{aligned}
\alpha^m_{y(i,j,k)}\, H_y|_{i,j,k} = {} & \alpha^{-1}_{Smx(i,j,k)} \left(E_z|_{i+1,j,k} - E_z|_{i,j,k} \right) / \Delta x_i \\
& - \alpha^{-1}_{Smz(i,j,k)} \left(E_x|_{i,j,k+1} - E_x|_{i,j,k} \right) / \Delta z_k - M_y|_{i,j,k}
\end{aligned} \tag{5.13}
$$

$$
\begin{aligned}
\alpha^m_{z(i,j,k)}\, H_z|_{i,j,k} = {} & \alpha^{-1}_{Smy(i,j,k)} \left(E_x|_{i,j+1,k} - E_x|_{i,j,k} \right) / \Delta y_j \\
& - \alpha^{-1}_{Smx(i,j,k)} \left(E_y|_{i+1,j,k} - E_y|_{i,j,k} \right) / \Delta x_i - M_z|_{i,j,k}
\end{aligned} \tag{5.14}
$$

式中, α 为 AH 微分转移矩阵, 其余中间变量为

$$
\alpha^e_{\xi(i,j,k)} = \varepsilon_\xi|_{i,j,k}\, \alpha + \left(\sigma^e_\xi|_{i,j,k} \right) I \tag{5.15}
$$

$$
\alpha^m_{\xi(i,j,k)} = \mu_\xi|_{i,j,k}\, \alpha + \left(\sigma^m_\xi|_{i,j,k} \right) I \tag{5.16}
$$

$$
\alpha_{Se\xi(i,j,k)} = \kappa_{e\xi}|_{i,j,k}\, I + \sigma_{pe\xi}|_{i,j,k} \left(\eta_{e\xi}|_{i,j,k}\, I + \alpha \varepsilon_0 \right)^{-1} \tag{5.17}
$$

$$
\alpha_{Sm\xi(i,j,k)} = \kappa_{m\xi}|_{i,j,k}\, I + \sigma_{pm\xi}|_{i,j,k} \left(\eta_{m\xi}|_{i,j,k}\, I + \alpha \mu_0 \right)^{-1} \tag{5.18}
$$

将式 (5.13) 和式 (5.14) 中的磁场 H_y 和 H_z 代入电场 E_x 的方程 (5.9) 得

$$
\alpha_{Sey(i,j,k)}^{-1}\alpha_{z(i,j,k)}^{m-1}\alpha_{Smy(i,j,k)}^{-1}\left(\left.E_x\right|_{i,j+1,k}-\left.E_x\right|_{i,j,k}\right)/\Delta y_j/\Delta\overline{y}_j
$$
$$
+\alpha_{Sey(i,j,k)}^{-1}\alpha_{z(i,j-1,k)}^{m-1}\alpha_{Smy(i,j-1,k)}^{-1}\left(\left.E_x\right|_{i,j-1,k}-\left.E_x\right|_{i,j,k}\right)/\Delta y_{j-1}/\Delta\overline{y}_j
$$
$$
+\alpha_{Sez(i,j,k)}^{-1}\alpha_{y(i,j,k)}^{m-1}\alpha_{Smz(i,j,k)}^{-1}\left(\left.E_x\right|_{i,j,k+1}-\left.E_x\right|_{i,j,k}\right)/\Delta z_k/\Delta\overline{z}_k
$$
$$
+\alpha_{Sez(i,j,k)}^{-1}\alpha_{y(i,j,k-1)}^{m-1}\alpha_{Smz(i,j,k-1)}^{-1}\left(\left.E_x\right|_{i,j,k-1}-\left.E_x\right|_{i,j,k}\right)/\Delta z_{k-1}/\Delta\overline{z}_k
$$
$$
-\alpha_{x(i,j,k)}^{e}\left.E_x\right|_{i,j,k}
$$
$$
+\alpha_{Sey(i,j,k)}^{-1}\alpha_{z(i,j,k)}^{m-1}\alpha_{Smx(i,j,k)}^{-1}\left(\left.E_y\right|_{i,j,k}-\left.E_y\right|_{i+1,j,k}\right)/\Delta x_i/\Delta\overline{y}_j
$$
$$
+\alpha_{Sey(i,j,k)}^{-1}\alpha_{z(i,j-1,k)}^{m-1}\alpha_{Smx(i,j-1,k)}^{-1}\left(\left.E_y\right|_{i+1,j-1,k}-\left.E_y\right|_{i,j-1,k}\right)/\Delta x_i/\Delta\overline{y}_j
$$
$$
+\alpha_{Sez(i,j,k)}^{-1}\alpha_{y(i,j,k)}^{m-1}\alpha_{Smx(i,j,k)}^{-1}\left(\left.E_z\right|_{i,j,k}-\left.E_z\right|_{i+1,j,k}\right)/\Delta x_i/\Delta\overline{z}_k
$$
$$
+\alpha_{Sez(i,j,k)}^{-1}\alpha_{y(i,j,k-1)}^{m-1}\alpha_{Smx(i,j,k-1)}^{-1}\left(\left.E_z\right|_{i+1,j,k-1}-\left.E_z\right|_{i,j,k-1}\right)/\Delta x_i/\Delta\overline{z}_k
$$
$$
=\left.J_x\right|_{i,j,k}
$$
$$
-\alpha_{Sez(i,j,k)}^{-1}\alpha_{y(i,j,k)}^{m-1}\left.M_y\right|_{i,j,k}/\Delta\overline{z}_k+\alpha_{Sez(i,j,k)}^{-1}\alpha_{y(i,j,k-1)}^{m-1}\left.M_y\right|_{i,j,k-1}/\Delta\overline{z}_k
$$
$$
+\alpha_{Sey(i,j,k)}^{-1}\alpha_{z(i,j,k)}^{m-1}\left.M_z\right|_{i,j,k}/\Delta\overline{y}_j-\alpha_{Sey(i,j,k)}^{-1}\alpha_{z(i,j-1,k)}^{m-1}\left.M_z\right|_{i,j-1,k}/\Delta\overline{y}_j \tag{5.19}
$$

将式 (5.12) 和式 (5.14) 中的磁场 H_x 和 H_z 代入电场 E_y 的方程 (5.10) 得

$$
\alpha_{Sez(i,j,k)}^{-1}\alpha_{x(i,j,k)}^{m-1}\alpha_{Smz(i,j,k)}^{-1}\left(\left.E_y\right|_{i,j,k+1}-\left.E_y\right|_{i,j,k}\right)/\Delta z_k/\Delta\overline{z}_k
$$
$$
+\alpha_{Sez(i,j,k)}^{-1}\alpha_{x(i,j,k-1)}^{m-1}\alpha_{Smz(i,j,k-1)}^{-1}\left(\left.E_y\right|_{i,j,k-1}-\left.E_y\right|_{i,j,k}\right)/\Delta z_{k-1}/\Delta\overline{z}_k
$$
$$
+\alpha_{Sex(i,j,k)}^{-1}\alpha_{z(i,j,k)}^{m-1}\alpha_{Smx(i,j,k)}^{-1}\left(\left.E_y\right|_{i+1,j,k}-\left.E_y\right|_{i,j,k}\right)/\Delta x_i/\Delta\overline{x}_i
$$
$$
+\alpha_{Sex(i,j,k)}^{-1}\alpha_{z(i-1,j,k)}^{m-1}\alpha_{Smx(i-1,j,k)}^{-1}\left(\left.E_y\right|_{i-1,j,k}-\left.E_y\right|_{i,j,k}\right)/\Delta x_{i-1}/\Delta\overline{x}_i
$$
$$
-\alpha_{y(i,j,k)}^{e}\left.E_y\right|_{i,j,k}
$$
$$
+\alpha_{Sez(i,j,k)}^{-1}\alpha_{x(i,j,k)}^{m-1}\alpha_{Smy(i,j,k)}^{-1}\left(\left.E_z\right|_{i,j,k}-\left.E_z\right|_{i,j+1,k}\right)/\Delta y_j/\Delta\overline{z}_k
$$
$$
+\alpha_{Sez(i,j,k)}^{-1}\alpha_{x(i,j,k-1)}^{m-1}\alpha_{Smy(i,j,k-1)}^{-1}\left(\left.E_z\right|_{i,j+1,k-1}-\left.E_z\right|_{i,j,k-1}\right)/\Delta y_j/\Delta\overline{z}_k
$$
$$
+\alpha_{Sex(i,j,k)}^{-1}\alpha_{z(i,j,k)}^{m-1}\alpha_{Smy(i,j,k)}^{-1}\left(\left.E_x\right|_{i,j,k}-\left.E_x\right|_{i,j+1,k}\right)/\Delta y_j/\Delta\overline{x}_i
$$
$$
+\alpha_{Sex(i,j,k)}^{-1}\alpha_{z(i-1,j,k)}^{m-1}\alpha_{Smy(i-1,j,k)}^{-1}\left(\left.E_x\right|_{i-1,j+1,k}-\left.E_x\right|_{i-1,j,k}\right)/\Delta y_j/\Delta\overline{x}_i
$$
$$
=\left.J_y\right|_{i,j,k}
$$
$$
-\alpha_{Sex(i,j,k)}^{-1}\alpha_{z(i,j,k)}^{m-1}\left.M_z\right|_{i,j,k}/\Delta\overline{x}_i+\alpha_{Sex(i,j,k)}^{-1}\alpha_{z(i-1,j,k)}^{m-1}\left.M_z\right|_{i-1,j,k}/\Delta\overline{x}_i
$$
$$
+\alpha_{Sez(i,j,k)}^{-1}\alpha_{x(i,j,k)}^{m-1}\left.M_x\right|_{i,j,k}/\Delta\overline{z}_k-\alpha_{Sez(i,j,k)}^{-1}\alpha_{x(i,j,k-1)}^{m-1}\left.M_x\right|_{i,j,k-1}/\Delta\overline{z}_k \tag{5.20}
$$

将式 (5.12) 和式 (5.13) 中的磁场 H_x 和 H_y 代入电场 E_z 的方程 (5.11) 得

$$\alpha_{Sex(i,j,k)}^{-1}\alpha_{y(i,j,k)}^{m-1}\alpha_{Smz(i,j,k)}^{-1}\left(E_z|_{i+1,j,k}-E_z|_{i,j,k}\right)/\Delta x_i/\Delta\overline{x}_i$$

$$+\alpha_{Sex(i,j,k)}^{-1}\alpha_{y(i-1,j,k)}^{m-1}\alpha_{Smx(i-1,j,k)}^{-1}\left(E_z|_{i-1,j,k}-E_z|_{i,j,k}\right)/\Delta x_{i-1}/\Delta\overline{x}_i$$

$$+\alpha_{Sey(i,j,k)}^{-1}\alpha_{x(i,j,k)}^{m-1}\alpha_{Smy(i,j,k)}^{-1}\left(E_z|_{i,j+1,k}-E_z|_{i,j,k}\right)/\Delta y_j/\Delta\overline{y}_j$$

$$+\alpha_{Sey(i,j,k)}^{-1}\alpha_{x(i,j-1,k)}^{m-1}\alpha_{Smy(i,j,k)}^{-1}\left(E_z|_{i,j-1,k}-E_z|_{i,j,k}\right)/\Delta y_{j-1}/\Delta\overline{y}_j$$

$$-\alpha_{z(i,j,k)}^{e}\,E_z|_{i,j,k}$$

$$+\alpha_{Sex(i,j,k)}^{-1}\alpha_{y(i,j,k)}^{m-1}\alpha_{Smz(i,j,k)}^{-1}\left(E_x|_{i,j,k}-E_x|_{i,j,k+1}\right)/\Delta z_k/\Delta\overline{x}_i$$

$$+\alpha_{Sex(i,j,k)}^{-1}\alpha_{y(i-1,j,k)}^{m-1}\alpha_{Smz(i,j,k)}^{-1}\left(E_x|_{i-1,j,k+1}-E_x|_{i-1,j,k}\right)/\Delta z_k/\Delta\overline{x}_i$$

$$+\alpha_{Sey(i,j,k)}^{-1}\alpha_{x(i,j,k)}^{m-1}\alpha_{Smz(i,j,k)}^{-1}\left(E_y|_{i,j,k}-E_y|_{i,j,k+1}\right)/\Delta z_k/\Delta\overline{y}_j$$

$$+\alpha_{Sey(i,j,k)}^{-1}\alpha_{x(i,j-1,k)}^{m-1}\alpha_{Smz(i,j-1,k)}^{-1}\left(E_y|_{i,j-1,k+1}-E_y|_{i,j-1,k}\right)/\Delta z_k/\Delta\overline{y}_j$$

$$=J_z|_{i,j,k}$$

$$-\alpha_{Sey(i,j,k)}^{-1}\alpha_{x(i,j,k)}^{m-1}\,M_x|_{i,j,k}/\Delta\overline{y}_j+\alpha_{Sey(i,j,k)}^{-1}\alpha_{x(i,j-1,k)}^{m-1}\,M_x|_{i,j-1,k}/\Delta\overline{y}_j$$

$$+\alpha_{Sex(i,j,k)}^{-1}\alpha_{y(i,j,k)}^{m-1}\,M_y|_{i,j,k}/\Delta\overline{x}_i-\alpha_{Sex(i,j,k)}^{-1}\alpha_{y(i-1,j,k)}^{m-1}\,M_y|_{i-1,j,k}/\Delta\overline{x}_i \qquad (5.21)$$

整理式 (5.19)~式 (5.21) 得到

$$AE = b \qquad (5.22)$$

式中, $E=[E_x,E_y,E_z]^{\mathrm{T}}$, $A=\{a_{n,m}\}$. 引入变量 $n_{\xi p1}=n_\xi+1$, $n_{\xi m1}=n_\xi-1$, 并引入三个映射函数:

$$m_x(i,j,k)=i+(j-2)\,n_x+(k-2)\,n_x n_{ym1} \qquad (5.23)$$

$$m_y(i,j,k)=n_x n_{ym1} n_{zm1}+(i-1)+(j-1)\,n_{xm1}+(k-2)\,n_{xm1}n_y \qquad (5.24)$$

$$m_z(i,j,k)=n_x n_{ym1} n_{zm1}+n_{xm1}n_y n_{zm1}+(i-1)+(j-2)\,n_{xm1}+(k-1)\,n_{xm1}n_{ym1}$$
$$(5.25)$$

通过 $m=m_\xi(i,j,k)$, 可以建立 $E_x(i,j,k)$, $E_y(i,j,k)$ 和 $E_z(i,j,k)$ 到 $E(m)$ 的映射.

下面分三种情况推导 $a_{n,m}$ 的取值:

1) $1\leqslant n\leqslant n_x n_{ym1} n_{zm1}$

$a_{n,m}$ 为关于 $E_x(n_x,n_{yp1},n_{zp1})$ 的系数, 可以从式 (5.19) 得到. 由于, $E_x(i,j,k)|_{\substack{j=1\text{或}n_{yp1}\\k=1\text{或}n_{zp1}}}=0$, 即 "上下 z 面" 和 "前后 y 面" 为 PEC 板. 由此, 真正的循环

$i = 1 : n_x$, $j = 2 : n_y$, $k = 2 : n_z$，即待求未知量为 $E_x(1 : n_x, 2 : n_y, 2 : n_z)$，因此当 $n = m_x(i, j, k)$，m 取下列 13 种情况时，$a_{n,m} = a_{Ex}$，否则 $a_{n,m} = 0$。

$m = m_x(i, j+1, k)$，$E_x(i, j+1, k)$ 的系数为

$$a_{Ex1} = \alpha_{Sey(i,j,k)}^{-1} \alpha_{z(i,j,k)}^{m-1} \alpha_{Smy(i,j,k)}^{-1} / \Delta y_j / \Delta \overline{y}_j$$

$m = m_x(i, j-1, k)$，$E_x(i, j-1, k)$ 的系数为

$$a_{Ex2} = \alpha_{Sey(i,j,k)}^{-1} \alpha_{z(i,j-1,k)}^{m-1} \alpha_{Smy(i,j-1,k)}^{-1} / \Delta y_{j-1} / \Delta \overline{y}_j$$

$m = m_x(i, j, k+1)$，$E_x(i, j, k+1)$ 的系数为

$$a_{Ex3} = \alpha_{Sez(i,j,k)}^{-1} \alpha_{y(i,j,k)}^{m-1} \alpha_{Smz(i,j,k)}^{-1} / \Delta z_k / \Delta \overline{z}_k$$

$m = m_x(i, j, k-1)$，$E_x(i, j, k-1)$ 的系数为

$$a_{Ex4} = \alpha_{Sez(i,j,k)}^{-1} \alpha_{y(i,j,k-1)}^{m-1} \alpha_{Smz(i,j,k-1)}^{-1} / \Delta z_{k-1} / \Delta \overline{z}_k$$

$m = m_x(i, j, k)$，$E_x(i, j, k)$ 的系数为

$$a_{Ex5} = -\left(a_{Ex1} + a_{Ex2} + a_{Ex3} + a_{Ex4} + \alpha_{x(i,j,k)}^e \right)$$

$m = m_y(i, j, k)$，$E_y(i, j, k)$ 的系数为

$$a_{Ex6} = \alpha_{Sey(i,j,k)}^{-1} \alpha_{z(i,j,k)}^{m-1} \alpha_{Smx(i,j,k)}^{-1} / \Delta x_i / \Delta \overline{y}_j$$

$m = m_y(i+1, j, k)$，$E_y(i+1, j, k)$ 的系数为 $a_{Ex7} = -a_{Ex6}$

$m = m_y(i+1, j-1, k)$，$E_y(i+1, j-1, k)$ 的系数为

$$a_{Ex8} = \alpha_{Sey(i,j,k)}^{-1} \alpha_{z(i,j-1,k)}^{m-1} \alpha_{Smx(i,j-1,k)}^{-1} / \Delta x_i / \Delta \overline{y}_j$$

$m = m_y(i, j-1, k)$，$E_y(i, j-1, k)$ 的系数为 $a_{Ex9} = -a_{Ex8}$

$m = m_z(i, j, k)$，$E_z(i, j, k)$ 的系数为

$$a_{Ex10} = \alpha_{Sez(i,j,k)}^{-1} \alpha_{y(i,j,k)}^{m-1} \alpha_{Smx(i,j,k)}^{-1} / \Delta x_i / \Delta \overline{z}_k$$

$m = m_z(i+1, j, k)$，$E_z(i+1, j, k)$ 的系数为 $a_{Ex11} = -a_{Ex10}$

$m = m_z(i+1, j, k-1)$，$E_z(i+1, j, k-1)$ 的系数为

$$a_{Ex12} = \alpha_{Sez(i,j,k)}^{-1} \alpha_{y(i,j,k-1)}^{m-1} \alpha_{Smx(i,j,k-1)}^{-1} / \Delta x_i / \Delta \overline{z}_k$$

$m = m_z(i, j, k-1)$，$E_y(i, j, k-1)$ 的系数为 $a_{Ex13} = -a_{Ex12}$

等式右端的系数

$$
\begin{aligned}
b(n) = {}& J_x|_{i,j,k} \\
& - \alpha_{Sez(i,j,k)}^{-1} \alpha_{y(i,j,k)}^{m-1} M_y|_{i,j,k} / \Delta \overline{z}_k + \alpha_{Sez(i,j,k)}^{-1} \alpha_{y(i,j,k-1)}^{m-1} M_y|_{i,j,k-1} / \Delta \overline{z}_k \\
& + \alpha_{Sey(i,j,k)}^{-1} \alpha_{z(i,j,k)}^{m-1} M_z|_{i,j,k} / \Delta \overline{y}_j - \alpha_{Sey(i,j,k)}^{-1} \alpha_{z(i,j-1,k)}^{m-1} M_z|_{i,j-1,k} / \Delta \overline{y}_j
\end{aligned}
$$

$$(5.26)$$

2) $n_x n_{ym1} n_{zm1} + 1 \leqslant n \leqslant n_x n_{ym1} n_{zm1} + n_{xm1} n_y n_{zm1}$

$a_{n,m}$ 为关于 $E_y(n_{xp1}, n_y, n_{zp1})$ 的系数，可以从式 (5.20) 得到。由于 $E_y(i, j, k)|_{\substack{i=1或n_{xp1} \\ k=1或n_{zp1}}} = 0$，即 "上下 z 面" 和 "左右 x 面" 为 PEC 板。由此，真正的循环

$i = 2 : n_x$, $j = 1 : n_y$, $k = 2 : n_z$, 即待求未知量为 $E_y (2 : n_x, 1 : n_y, 2 : n_z)$, 因此当 $n = m_y (i, j, k)$, m 取下列 13 种情况, $a_{n,m} = a_{Ey}$, 否则 $a_{n,m} = 0$。

$m = m_y (i, j, k+1)$, $E_y (i, j, k+1)$ 的系数为

$$a_{Ey1} = \alpha_{Sez(i,j,k)}^{-1} \alpha_{x(i,j,k)}^{m-1} \alpha_{Smz(i,j,k)}^{-1} / \Delta z_k / \Delta \overline{z}_k$$

$m = m_y (i, j, k-1)$, $E_y (i, j, k-1)$ 的系数为

$$a_{Ey2} = \alpha_{Sez(i,j,k)}^{-1} \alpha_{x(i,j,k-1)}^{m-1} \alpha_{Smz(i,j,k-1)}^{-1} / \Delta z_{k-1} / \Delta \overline{z}_k$$

$m = m_y (i+1, j, k)$, $E_y (i+1, j, k)$ 的系数为

$$a_{Ey3} = \alpha_{Sex(i,j,k)}^{-1} \alpha_{z(i,j,k)}^{m-1} \alpha_{Smx(i,j,k)}^{-1} / \Delta x_i / \Delta \overline{x}_i$$

$m = m_y (i-1, j, k)$, $E_y (i-1, j, k)$ 的系数为

$$a_{Ey4} = \alpha_{Sex(i,j,k)}^{-1} \alpha_{z(i-1,j,k)}^{m-1} \alpha_{Smx(i-1,j,k)}^{-1} / \Delta x_{i-1} / \Delta \overline{x}_i$$

$m = m_y (i, j, k)$, $E_y (i, j, k)$ 的系数为

$$a_{Ey5} = - \left(a_{Ey1} + a_{Ey2} + a_{Ey3} + a_{Ey4} + \alpha_{y(i,j,k)}^e \right)$$

$m = m_z (i, j, k)$, $E_z (i, j, k)$ 的系数为

$$a_{Ey6} = \alpha_{Sez(i,j,k)}^{-1} \alpha_{x(i,j,k)}^{m-1} \alpha_{Smy(i,j,k)}^{-1} / \Delta y_j / \Delta \overline{z}_k$$

$m = m_z (i, j+1, k)$, $E_z (i, j+1, k)$ 的系数为 $a_{Ey7} = -a_{Ey6}$

$m = m_z (i, j+1, k-1)$, $E_z (i, j+1, k-1)$ 的系数为

$$a_{Ey8} = \alpha_{Sez(i,j,k)}^{-1} \alpha_{x(i,j,k-1)}^{m-1} \alpha_{Smy(i,j,k-1)}^{-1} / \Delta y_j / \Delta \overline{z}_k$$

$m = m_z (i, j, k-1)$, $E_z (i, j, k-1)$ 的系数为 $a_{Ey9} = -a_{Ey8}$

$m = m_x (i, j, k)$, $E_x (i, j, k)$ 的系数为

$$a_{Ey10} = \alpha_{Sex(i,j,k)}^{-1} \alpha_{z(i,j,k)}^{m-1} \alpha_{Smy(i,j,k)}^{-1} / \Delta y_j / \Delta \overline{x}_i$$

$m = m_x (i, j+1, k)$, $E_x (i, j+1, k)$ 的系数为 $a_{Ey11} = -a_{Ey10}$

$m = m_x (i-1, j+1, k)$, $E_x (i-1, j+1, k)$ 的系数为

$$a_{Ey12} = \alpha_{Sex(i,j,k)}^{-1} \alpha_{z(i-1,j,k)}^{m-1} \alpha_{Smy(i-1,j,k)}^{-1} / \Delta y_j / \Delta \overline{x}_i$$

$m = m_x (i-1, j, k)$, $E_z (i-1, j, k)$ 的系数为 $a_{Ey13} = -a_{Ey12}$

等式右端的系数

$$
\begin{aligned}
b (n) = & J_y|_{i,j,k} \\
& - \alpha_{Sex(i,j,k)}^{-1} \alpha_{z(i,j,k)}^{m-1} M_z|_{i,j,k} / \Delta \overline{x}_i + \alpha_{Sex(i,j,k)}^{-1} \alpha_{z(i-1,j,k)}^{m-1} M_z|_{i-1,j,k} / \Delta \overline{x}_i \\
& + \alpha_{Sez(i,j,k)}^{-1} \alpha_{x(i,j,k)}^{m-1} M_x|_{i,j,k} / \Delta \overline{z}_k - \alpha_{Sez(i,j,k)}^{-1} \alpha_{x(i,j,k-1)}^{m-1} M_x|_{i,j,k-1} / \Delta \overline{z}_k
\end{aligned}
\tag{5.27}
$$

3) $n_x n_{ym1} n_{zm1} + n_{xm1} n_y n_{zm1} + 1 \leqslant n \leqslant n_x n_{ym1} n_{zm1} + n_{xm1} n_y n_{zm1} + n_{xm1} n_{ym1} n_z$

$a_{n,m}$ 为关于 $E_z (n_{xp1}, n_{yp1}, n_z)$ 的系数, 可以从式 (5.21) 得到。由于, $E_z (i, j, k)|_{\substack{i=1或n_{xp1} \\ j=1或n_{yp1}}} = 0$, 即 "左右 x 面" 和 "前后 y 面" 为 PEC 板。由此, 真正的循环

$i = 2 : n_x$, $j = 2 : n_y$, $k = 1 : n_z$, 即待求的未知量为 $E_z\,(2 : n_x, 2 : n_y, 1 : n_z)$, 因此当 $n = m_z\,(i, j, k)$, m 取下列 13 种情况时, $a_{n,m} = a_{Ez}$, 否则 $a_{n,m} = 0$。

$m = m_z\,(i + 1, j, k)$, $E_z\,(i + 1, j, k)$ 的系数为

$$a_{Ez1} = \alpha_{Sex(i,j,k)}^{-1} \alpha_{y(i,j,k)}^{m-1} \alpha_{Smx(i,j,k)}^{-1} / \Delta x_i / \Delta \overline{x}_i$$

$m = m_z\,(i - 1, j, k)$, $E_z\,(i - 1, j, k)$ 的系数为

$$a_{Ez2} = \alpha_{Sex(i,j,k)}^{-1} \alpha_{y(i-1,j,k)}^{m-1} \alpha_{Smx(i-1,j,k)}^{-1} / \Delta x_{i-1} / \Delta \overline{x}_i$$

$m = m_z\,(i, j + 1, k)$, $E_z\,(i, j + 1, k)$ 的系数为

$$a_{Ez3} = \alpha_{Sey(i,j,k)}^{-1} \alpha_{x(i,j,k)}^{m-1} \alpha_{Smy(i,j,k)}^{-1} / \Delta y_j / \Delta \overline{y}_j$$

$m = m_z\,(i, j - 1, k)$, $E_z\,(i, j - 1, k)$ 的系数为

$$a_{Ez4} = \alpha_{Sey(i,j,k)}^{-1} \alpha_{x(i,j-1,k)}^{m-1} \alpha_{Smy(i,j,k)}^{-1} / \Delta y_{j-1} / \Delta \overline{y}_j$$

$m = m_z\,(i, j, k)$, $E_z\,(i, j, k)$ 的系数为

$$a_{Ez5} = - \left(a_{Ez1} + a_{Ez2} + a_{Ez3} + a_{Ez4} + \alpha_{z(i,j,k)}^e \right)$$

$m = m_x\,(i, j, k)$, $E_x\,(i, j, k)$ 的系数为

$$a_{Ez6} = \alpha_{Sex(i,j,k)}^{-1} \alpha_{y(i,j,k)}^{m-1} \alpha_{Smz(i,j,k)}^{-1} / \Delta z_k / \Delta \overline{x}_i$$

$m = m_x\,(i, j, k + 1)$, $E_x\,(i, j, k + 1)$ 的系数为 $a_{Ez7} = -a_{Ez6}$

$m = m_x\,(i - 1, j, k + 1)$, $E_x\,(i - 1, j, k + 1)$ 的系数为

$$a_{Ez8} = \alpha_{Sex(i,j,k)}^{-1} \alpha_{y(i-1,j,k)}^{m-1} \alpha_{Smz(i-1,j,k)}^{-1} / \Delta z_k / \Delta \overline{x}_i$$

$m = m_x\,(i - 1, j, k)$, $E_x\,(i - 1, j, k)$ 的系数为 $a_{Ez9} = -a_{Ez8}$

$m = m_y\,(i, j, k)$, $E_y\,(i, j, k)$ 的系数为

$$a_{Ez10} = \alpha_{Sey(i,j,k)}^{-1} \alpha_{x(i,j,k)}^{m-1} \alpha_{Smz(i,j,k)}^{-1} / \Delta z_k / \Delta \overline{y}_j$$

$m = m_y\,(i, j, k + 1)$, $E_y\,(i, j, k + 1)$ 的系数为 $a_{Ez11} = -a_{Ez10}$

$m = m_y\,(i, j - 1, k + 1)$, $E_y\,(i, j - 1, k + 1)$ 的系数为

$$a_{Ez12} = \alpha_{Sey(i,j,k)}^{-1} \alpha_{x(i,j-1,k)}^{m-1} \alpha_{Smz(i,j-1,k)}^{-1} / \Delta z_k / \Delta \overline{y}_j$$

$m = m_y\,(i, j - 1, k)$, $E_y\,(i, j - 1, k)$ 的系数为 $a_{Ez13} = -a_{Ez12}$

等式右端的系数

$$\begin{aligned}
b\,(n) = {} & J_z|_{i,j,k} \\
& - \alpha_{Sey(i,j,k)}^{-1} \alpha_{x(i,j,k)}^{m-1}\, M_x|_{i,j,k} / \Delta \overline{y}_j + \alpha_{Sey(i,j,k)}^{-1} \alpha_{x(i,j-1,k)}^{m-1}\, M_x|_{i,j-1,k} / \Delta \overline{y}_j \\
& + \alpha_{Sex(i,j,k)}^{-1} \alpha_{y(i,j,k)}^{m-1}\, M_y|_{i,j,k} / \Delta \overline{x}_i - \alpha_{Sex(i,j,k)}^{-1} \alpha_{y(i-1,j,k)}^{m-1}\, M_y|_{i-1,j,k} / \Delta \overline{x}_i
\end{aligned}$$

$$(5.28)$$

对于一般的三维问题, 以上系数矩阵 A 为 $N \times N$ 维大型稀疏矩阵, 式中, $N = n_x n_{ym1} n_{zm1} + n_{xm1} n_y n_{zm1} + n_{xm1} n_{m1} n_z \approx 3 n_x n_y n_z$, 非零元素呈现 13 条带分布特点。一般来说, 系数矩阵的规模较大, 生成起来比较耗时, 加上其比较宽的带宽,

使得直接的 *LU* 分解方法需耗费巨大的计算内存,这给三维 AH FDTD 方法的应用带来困难。下面,将从怎样快速生成系数矩阵、压缩带宽和实现不经过 *LU* 分解的直接计算作进一步讨论。

5.2　三维 AH FDTD 方法中系数矩阵的排布

5.2.1　系数矩阵的克罗内克积的表示

在求解大型稀疏矩阵方程 (5.22) 时,如果按照式 (5.23)~式 (5.25) 的映射函数 $m_\xi(i,j,k)$ 得到系数矩阵的系数 a_{Ex}, a_{Ey} 和 a_{Ez} 是简单和直接的,但并不高效。因为当稀疏矩阵 A 的维度增大时,这种生成方式的计算量会显著增大,效率也会逐渐降低。通过对系数矩阵的排列规律研究发现,这种生成方式存在冗余和重复。下面提出运用克罗内克积 (Kronecker product) 算子对系数矩阵 A 实现快速生成[131]。克罗内克积是任意维度的两个矩阵 A 和 B 之间的一种运算[132],它的运算包含其中一个矩阵中任意一个元素和另外矩阵中任意元素的乘积,运算之后的矩阵维度增大。例如,某二维方阵 A 和三维方阵 B 的克罗内克积为 6 维方阵:

$$
A \otimes B = \begin{bmatrix} A_1 & A_2 \\ A_3 & A_4 \end{bmatrix} \otimes \begin{bmatrix} B_1 & B_2 & B_3 \\ B_4 & B_5 & B_6 \\ B_7 & B_8 & B_9 \end{bmatrix}
$$

$$
= \begin{bmatrix} A_1 B & A_2 B \\ A_3 B & A_4 B \end{bmatrix} = \begin{bmatrix} A_1 B_1 & A_1 B_2 & A_1 B_3 & A_2 B_1 & A_2 B_2 & A_2 B_3 \\ A_1 B_4 & A_1 B_5 & A_1 B_6 & A_2 B_4 & A_2 B_5 & A_2 B_6 \\ A_1 B_7 & A_1 B_8 & A_1 B_9 & A_2 B_7 & A_2 B_8 & A_2 B_9 \\ A_3 B_1 & A_3 B_2 & A_3 B_3 & A_4 B_1 & A_4 B_2 & A_4 B_3 \\ A_3 B_4 & A_3 B_5 & A_3 B_6 & A_4 B_4 & A_4 B_5 & A_4 B_6 \\ A_3 B_7 & A_3 B_8 & A_3 B_9 & A_4 B_7 & A_4 B_8 & A_4 B_9 \end{bmatrix}
\tag{5.29}
$$

通过对式 (5.19)~式 (5.21) 的研究,可以将等式左边的系数矩阵 A 改写成以下表示形式:

$$
A = \begin{bmatrix} A_{xx} & A_{xy} & A_{xz} \\ A_{yx} & A_{yy} & A_{yz} \\ A_{zx} & A_{zy} & A_{zz} \end{bmatrix}
$$

$$
= \begin{bmatrix} A_{xx} & I_{nzm1} \otimes L_{ny}^{\mathrm{T}} \otimes L_{nx} & L_{nz}^{\mathrm{T}} \otimes I_{nym1} \otimes L_{nx} \\ I_{nzm1} \otimes L_{ny} \otimes L_{nx}^{\mathrm{T}} & A_{yy} & L_{nz}^{\mathrm{T}} \otimes L_{ny} \otimes I_{nxm1} \\ L_{nz} \otimes I_{nym1} \otimes L_{nx}^{\mathrm{T}} & L_{nz} \otimes L_{ny}^{\mathrm{T}} \otimes I_{nxm1} & A_{zz} \end{bmatrix}
\tag{5.30}
$$

式中,

$$A_{xx} = I_{nzm1} \otimes B_{nym1} \otimes I_{nx} + B_{nzm1} \otimes I_{nym1} \otimes I_{nx} + K_{xx} \qquad (5.31)$$

$$A_{yy} = I_{nzm1} \otimes I_{ny} \otimes B_{nxm1} + B_{nzm1} \otimes I_{ny} \otimes I_{nxm1} + K_{yy} \qquad (5.32)$$

$$A_{zz} = I_{nz} \otimes B_{nym1} \otimes I_{nxm1} + I_{nz} \otimes I_{nym1} \otimes B_{nxm1} + K_{zz} \qquad (5.33)$$

可以注意到,式 (5.30) 中的每一行对应式 (5.19)~式 (5.21) 中相应的公式,主对角线的元素 A_{xx},A_{yy} 和 A_{zz} 分别对应电场 E_x,E_y 和 E_z 在空间上的二阶微分运算,其余元素对应空间上不同方向的偏微分运算。例如,A_{xx} 中的三对角矩阵 B_{nym1} 对应 E_x 在 y 方向的二阶微分运算;相应地,B_{nzm1} 为 E_x 在 z 方向的二阶微分运算;I 为单位矩阵;K_{xx} 为与媒介参数相关的对角矩阵。另外,L 矩阵对应空间的一阶偏微分运算。通过仿真发现,这种生成系数矩阵的方式十分高效,因为相比之前的 N 维度逐一赋值,这种赋值运算只需要在更低维度上进行,如 x 方向只需处理 n_x 个量,从而避免了冗余计算,大幅度提高了系数矩阵初始化效率。但是矩阵的带宽没有发生变化,如果采取直接的 LU 分解求解会占用大量的计算内存,降低方法的整体效率。下面讨论一种能使带宽变窄的预处理方案。

5.2.2   系数矩阵按 Yee 元胞排列的预处理技术

前文的系数矩阵排列是按照求解未知量 E_x,E_y 和 E_z 的顺序排列的,这样导致了比较宽的带宽。如果采取按 Yee 元胞为基本单元依次从 x,y 和 z 方向排列未知量,将使计算带宽大大减少[106]。这种排列方式可以在原系数矩阵基础上加以置换变化得到。若设置换矩阵为 P,则变换之后的矩阵方程为

$$\widetilde{A}\widetilde{E} = \widetilde{b} \qquad (5.34)$$

式中,$\widetilde{A} = P^{-1}AP$,$\widetilde{E} = P^{-1}E$ 和 $\widetilde{b} = P^{-1}b$,$P^{-1} = P^{\mathrm{T}}$ 为 P 的逆矩阵。具体地,如图 5.1 所示,计算空间由分布在三个维度方向的 $n_x \times n_y \times n_z$ 个 Yee 元胞构成,每个元胞中点用坐标 (i,j,k) 表示。首先,围绕 $k = 1$ 层编号为 $(1,1,1)$ 的元胞的所有电场分量最先排列,然后排列 x 方向的相邻元胞 $(2,1,1)$ 上所有电场分量,直到该方向上最后一个元胞 $(n_x,1,1)$ 上所有电场编号结束。紧接着这种排列编号方式复制在 y 方向上,即编号为 $(1,2,1)$ 的元胞被先排列,直到 $k = 1$ 层的最后一个元胞 $(n_x,n_y,1)$ 上所有电场编号完成。其余 $k = 2, \cdots, n_z$ 层的排列方式可以依次类推。应该注意的是,相邻元胞之间的电场不能被重复编号,也就是说,对于每个非边界元胞,实际参与编号的电场数目仅为 3 个,另外磁场分量并没有在整个编号过程中出现,因为三维 AH FDTD 方法是先隐式地求解所有电场分量,再显式地求解磁场分量。在本章最后的算例分析中用到了这种按元胞排序的预处理技术,带宽的压缩还是十分明显,如图 5.2 所示。预处理之后的系数矩阵方便 LU 分解计算。

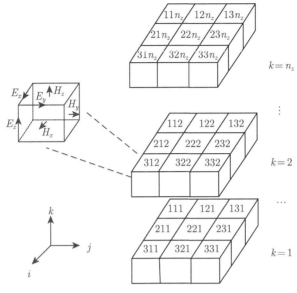

图 5.1 按 Yee 元胞编号的原理图

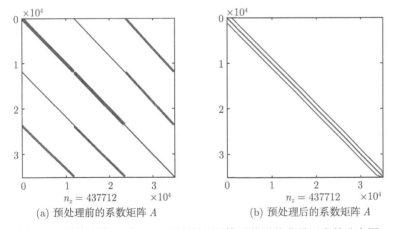

(a) 预处理前的系数矩阵 A (b) 预处理后的系数矩阵 A

图 5.2 系数矩阵 A 按 Yee 元胞预处理排列前后的非零元素的分布图

5.3 三维 AH FDTD 方法中系数矩阵和源项的更新

5.3.1 集总参数建模时源项和系数矩阵的更新

可以注意到，三维 AH FDTD 方法中最终的矩阵方程 (5.22) 中的 b 包含了所有的源项 J 和 M，同时 b 也仅仅由这些源项构成。若对集总参数电路进行仿真建模，除了对 b 中的 J 和 M 进行系数更新外，有时还需要对系数矩阵 A 进行相应更新，以下具体对电压源、电流源、电阻进行讨论分析。

1. 电压源V_s

考虑沿 z 方向的内阻为 R_s 的电压源 V_s，它置于节点 (i,j,k) 和 $(i,j,k+1)$ 之间，如图 5.3(a) 和图 5.3(b) 所示。结合电路和场之间的关系，两节点之间流经磁场所包围区域的电流为

$$I_z = \frac{\Delta V + V_s|_{i,j,k}}{R_s} = \frac{E_z|_{i,j,k} \Delta z}{R_s} + \frac{V_s|_{i,j,k}}{R_s} \tag{5.35}$$

同时根据电流密度 J_z 和电流 I_z 的关系，可得

$$I_z = J_z|_{i,j,k} \Delta x \Delta y \tag{5.36}$$

整理式 (5.35) 和式 (5.36) 得

$$J_z|_{i,j,k} = \frac{\Delta z}{R_s \Delta x \Delta y} E_z|_{i,j,k} + \frac{1}{R_s \Delta x \Delta y} V_s|_{i,j,k} \tag{5.37}$$

将式 (5.37) 代入式 (5.11)，可将该公式更新为

$$\begin{aligned}
\widetilde{\alpha}^e_{z(i,j,k)} E_z|_{i,j,k} = {} & \alpha^{-1}_{Sex(i,j,k)} \left(H_y|_{i,j,k} - H_y|_{i-1,j,k} \right) / \Delta \overline{x}_i \\
& - \alpha^{-1}_{Sey(i,j,k)} \left(H_x|_{i,j,k} - H_x|_{i,j-1,k} \right) / \Delta \overline{y}_j - \left. \widetilde{J_z} \right|_{i,j,k}
\end{aligned} \tag{5.38}$$

式中，

$$\widetilde{\alpha}^e_{z(i,j,k)} = \alpha^e_{z(i,j,k)} + \frac{\Delta z}{R_s \Delta x \Delta y} = \varepsilon_\xi|_{i,j,k} \alpha + \left(\sigma^e_\xi|_{i,j,k} + \frac{\Delta z}{R_s \Delta x \Delta y} \right) I \tag{5.39}$$

$$\left. \widetilde{J_z} \right|_{i,j,k} = \frac{1}{R_s \Delta x \Delta y} V_s \tag{5.40}$$

其余系数和式 (5.11) 保持一致。对比式 (5.39) 和式 (5.15) 可以发现，电压源的添加使得其将内阻部分 $\Delta z/(R_s \Delta x \Delta y)$ 的贡献反映到等效电导率 σ 的增大中，这种改变最终反映到系数矩阵 A 的更新，同时从式 (5.40) 可以看出，电压项的贡献 $V_s/(R_s \Delta x \Delta y)$ 直接替代了原始电流密度项 $J_z|_{i,j,k}$，这将反映到 b 的更新中。

2. 电流源I_s

同样可以对电流源进行建模，如图 5.3(c) 所示。其幅度大小为 I_s，内阻为 R_s。可得电流和电场值之间的关系：

$$I_z = \frac{\Delta V}{R_s} + I_s|_{i,j,k} = \frac{E_z|_{i,j,k} \Delta z}{R_s} + I_s|_{i,j,k} \tag{5.41}$$

结合式 (5.36) 可得

$$J_z|_{i,j,k} = \frac{\Delta z}{R_s \Delta x \Delta y} \, E_z|_{i,j,k} + \frac{1}{\Delta x \Delta y} \, I_s|_{i,j,k} \tag{5.42}$$

对比式 (5.42) 和式 (5.37) 可以发现，电压源和电流源其内阻部分 $\Delta z/(R_s \Delta x \Delta y)$ 的贡献对于 $J_z|_{i,j,k}$ 的更新一致，仅仅是源项的不同，只需将 $V_s|_{i,j,k}/R_s$ 代替 $I_s|_{i,j,k}$ 即可。因此可得式 (5.11) 关于含内阻的电流源更新公式

$$\widetilde{\alpha}^e_{z(i,j,k)} \, E_z|_{i,j,k} = \alpha^{-1}_{Sex(i,j,k)} \left(H_y|_{i,j,k} - H_y|_{i-1,j,k} \right)/\Delta \overline{x}_i$$
$$- \alpha^{-1}_{Sey(i,j,k)} \left(H_x|_{i,j,k} - H_x|_{i,j-1,k} \right)/\Delta \overline{y}_j - \widetilde{J_z}\Big|_{i,j,k} \tag{5.43}$$

式中，

$$\widetilde{\alpha}^e_{z(i,j,k)} = \alpha^e_{z(i,j,k)} + \frac{\Delta z}{R_s \Delta x \Delta y} = \varepsilon_\xi|_{i,j,k}\, \alpha + \left(\sigma^e_\xi|_{i,j,k} + \frac{\Delta z}{R_s \Delta x \Delta y} \right) I \tag{5.44}$$

$$\widetilde{J_z}\Big|_{i,j,k} = \frac{1}{\Delta x \Delta y} I_s \tag{5.45}$$

3. 电阻 R

以上推导了电压源和电流源的建模和系数更新公式，进而可直接得到电阻的建模和系数更新公式。因为电阻的建模，如图 5.3(d) 所示，可以从含内阻的电压源中消去电压项得到，或者从含内阻的电流源中消去电流项得到。因此，只需更新相应的系数矩阵 A 即可。以电压源更新公式为例，保留式 (5.39) 的更新，消去式 (5.40) 的更新。这样得到式 (5.11) 关于电阻 R 的更新公式：

$$\widetilde{\alpha}^e_{z(i,j,k)} \, E_z|_{i,j,k} = \alpha^{-1}_{Sex(i,j,k)} \left(H_y|_{i,j,k} - H_y|_{i-1,j,k} \right)/\Delta \overline{x}_i$$
$$- \alpha^{-1}_{Sey(i,j,k)} \left(H_x|_{i,j,k} - H_x|_{i,j-1,k} \right)/\Delta \overline{y}_j - J_z|_{i,j,k} \tag{5.46}$$

式中，

$$\widetilde{\alpha}^e_{z(i,j,k)} = \alpha^e_{z(i,j,k)} + \frac{\Delta z}{R \Delta x \Delta y} = \varepsilon_\xi|_{i,j,k}\, \alpha + \left(\sigma^e_\xi|_{i,j,k} + \frac{\Delta z}{R \Delta x \Delta y} \right) I \tag{5.47}$$

以上推导了沿电场 E_z 方向的电压源、电流源和电阻建模及系数更新公式，其余方向的建模和更新可以此类推得到。另外电感、电容、二极管等其他集总参数电路也可方便地在三维 AH FDTD 中建模分析，只需要预先更新系数矩阵 A 和源项 b，这里不再赘述。

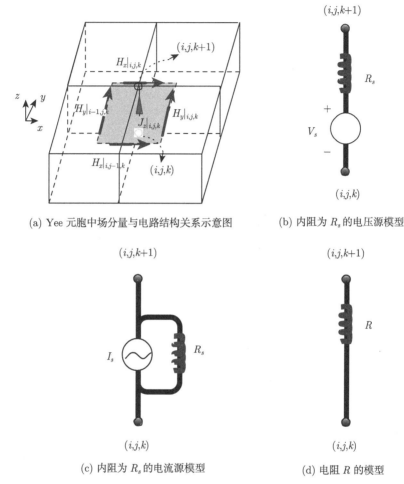

(a) Yee 元胞中场分量与电路结构关系示意图　　　　(b) 内阻为 R_s 的电压源模型

(c) 内阻为 R_s 的电流源模型　　　　　　　(d) 电阻 R 的模型

图 5.3　集总参数建模

5.3.2　高效平面波引入时源项的更新

前文对二维 AH FDTD 方法中平面波的引入作了分析，分别采取总场、散射场连接边界和平面波注入法对矩阵方程的已知项进行更新。现在结合 AH 平移算子对三维空间中平面波的引入进行介绍。

若考虑空间位移和时间延迟后的入射电场为

$$\vec{E}_{\text{inc}}(t, r) = \vec{E}_m f \left[(t - t_0) - \frac{1}{c} (k \cdot r - l_0) \right] \tag{5.48}$$

式中，$r = x\vec{x} + y\vec{y} + z\vec{z}$ 表示位置矢量；$k = \sin\theta_{\text{inc}} \cos\phi_{\text{inc}} \vec{x} + \sin\theta_{\text{inc}} \sin\phi_{\text{inc}} \vec{y} + \cos\theta_{\text{inc}} \vec{z}$ 表示传播方向矢量；θ_{inc} 和 ϕ_{inc} 为入射角；f 为由入射电场波形所决定的

函数，则 x 方向的入射场分量可以表示为

$$E_{\text{inc},x}(t,r) = E_{m,x}f\left[(t-t_0) - \frac{1}{c}\left(x\sin\theta_{\text{inc}}\cos\phi_{\text{inc}} + y\sin\theta_{\text{inc}}\sin\phi_{\text{inc}} + z\cos\theta_{\text{inc}} - l_0\right)\right]$$
(5.49)

　　根据前文平面波引入的推导，系数矩阵中最终需要更新的是入射场分量的展开系数，而这些展开系数可以用第 2 章中的 AH 平移算子进行计算。因此，平面波的展开系数可以在 AH 域或者其特征域下直接计算。记平面波进入连接边界的初始位置为 $r_0 = x_0\vec{x} + y_0\vec{y} + z_0\vec{z}$，且对应空间的离散网格坐标为 (pis, pjs, pks)，如图 5.4 所示。

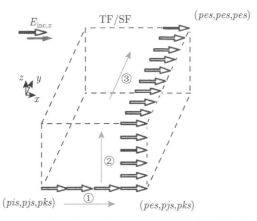

图 5.4　三维高效平面波 AH 域展开系数计算示意图

　　首先可求得该点的展开系数为 $E_{\text{inc},x}(pis, pjs, pks)$，则向 x 方向延伸的邻边上的展开系数可以通过以下递推关系得到

$$E_{\text{inc},x}(i, pjs, pks) = H_{ah,x}^{\text{Trans}}E_{\text{inc},x}(i-1, pjs, pks), \quad (pis < i \leqslant pie)$$
(5.50)

式中，$H_{ah,x}^{\text{Trans}}$ 为 $e^{-j\omega\Delta x\sin\theta_{\text{inc}}\cos\phi_{\text{inc}}/c}$ 的 AH 转移矩阵，这个计算过程如图 5.4 中的①所示。当 x 方向邻边上的展开系数计算完成后，则可以向 y 或 z 方向的面上进行拓展计算。其中，向 y 方向的拓展公式为

$$E_{\text{inc},x}(i, j, pks) = H_{ah,y}^{\text{Trans}}E_{\text{inc},x}(i, j-1, pks), \quad (pis < i \leqslant pie, pjs < j \leqslant pje)$$
(5.51)

式中，$H_{ah,y}^{\text{Trans}}$ 为 $e^{-j\omega\Delta y\sin\theta_{\text{inc}}\sin\phi_{\text{inc}}/c}$ 的 AH 转移矩阵；而向 z 方向的拓展公式为

$$E_{\text{inc},x}(i, pjs, k) = H_{ah,z}^{\text{Trans}}E_{\text{inc},x}(i, pjs, k-1), \quad (pis < i \leqslant pie, pks < k \leqslant pke)$$
(5.52)

式中，$H_{ah,z}^{\text{Trans}}$ 为 $e^{-j\omega\Delta z\cos\theta_{\text{inc}}/c}$ 的 AH 转移矩阵。图 5.4 中的②表示向 z 方向展开系数求解的过程，即计算面 $j = pjs$ 上的展开系数；③表示面 $j = pjs$ 上展开系数

求解完后再向 y 方向求解的过程，即计算面 $k = pes$ 上的展开系数。这样，最终能将电场 $E_{\mathrm{inc},x}$ 在连接边界中四个面上的全部展开系数计算完毕。而其余方向的电场以及磁场分量展开系数的求解方法与此类似。因此，6 个连接边界面上的电磁场展开系数都能通过初始位置 r_0 处的展开系数求解得到，也就不需要在空间每一位置进行展开求解。相比较而言，这是一种在 AH 域下的高效平面波引入方法。

5.4　三维 AH FDTD 方法求解方案和算例验证

三维 AH FDTD 方法中矩阵方程可以按阶并行求解。由于每一阶的矩阵系数不同，因此并不需要 LU 分解求解，只需要独立地求解出每一阶未知量即可。系数矩阵采取稀疏矩阵的存储方式进行存储。求解的基本方法有直接法和迭代法。

直接法可以采取 Matlab 中直接左除的命令 "\" 进行求解或者运用大型稀疏矩阵线性包求解，如稀疏矩阵线性包UMFPACK[133]。该线性包采用多波前方法专门用来求解大型稀疏矩阵方程 $Ax = b$，尤其针对系数矩阵 A 为非对称的情况。也特别适合对多右边已知量而具有相同系数矩阵的矩阵方程的求解。

迭代法应该采取能处理大型稀疏非对称矩阵的迭代法。例如比较流行的广义最小残量 (GMRES)迭代方法[134]，该方法有较多的新发展，包括减少内存消耗的重启动方法等。另外，我们还尝试过准最小残差法 (QMR)[135]。一般来说，这个迭代法比 GMRES 迭代效果更好。

下面通过一个数值算例来验证三维 AH FDTD 方法的有效性。考虑二端口微带电路，如图 5.5(a) 所示，通过计算其端口的 S 参数来验证三维 AH FDTD 方法的正确性。该微带电路长和宽方向的尺寸如图 5.5(b) 所示，介质基的厚度为 2.8mm，相对介电常数 12，电导率为 0.8S/m。上下表面为薄 PEC 贴片，贴片厚度为 0.0465mm。周围用 6 层 CFS-PML 吸收边界截断计算区域。x 和 y 方向采取均匀网格，z 方向采取渐变网格。此微带电路一端接内阻为 50Ω 的电压源，另一端接 50Ω 的电阻，分别将它们设为第一端口和第二端口。电压源波形为中心频率 $f_c = 3\mathrm{GHz}$ 的正弦调制高斯脉冲：

$$V_s(t) = \exp\left[-\frac{(t - t_c)^2}{t_d^2}\right] \sin\left[2\pi f_c(t - t_c)\right] \tag{5.53}$$

式中，$t_d = 0.5f_c$；$t_c = 4t_d$。两个取样电流和取样电压定义在离两个端口 3mm 处。

图 5.5(c) 和图 5.5(d) 分别为计算得到的两个端口的采样电流和采样电压。图 5.5(e) 和图 5.5(f) 分别为激励端口的两个的 S 参数，即 S_{11} 和 S_{21}，其中 S 参数分别用幅度和相位表示。由于该微带电路的对称性，因此另一组 S 参数 S_{22} 和 S_{12} 可由 S_{11} 和 S_{21} 得到。从以上结果可以看出，AH FDTD 方法计算得到的结果和传

统 FDTD 方法计算得到的结果一致，因此验证了方法的正确性。另外，应用传统 FDTD 方法计算耗时为 50.6min，而采取直接法的 AH FDTD 方法为仅为 1.02min，若再采取带宽压缩预处理，则 AH FDTD 方法的计算耗时仅为 0.92min。系数矩阵带宽压缩前后的非零元素分布如图 5.2 所示，由于没有采取 LU 分解计算，因此这种效率带宽压缩的效率的改善是有限的，但总体来说 AH FDTD 方法相对于传统 FDTD 方法的计算效率得到了明显提高。

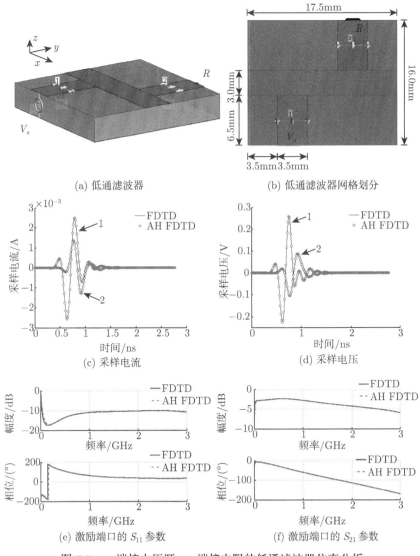

(a) 低通滤波器　　　　　　　　　　　(b) 低通滤波器网格划分

(c) 采样电流　　　　　　　　　　　　(d) 采样电压

(e) 激励端口的 S_{11} 参数　　　　　　(f) 激励端口的 S_{21} 参数

图 5.5　一端接电压源、一端接电阻的低通滤波器仿真分析

5.5　本 章 小 结

本章推导了三维 AH FDTD 方法, 最终方法落到求解大型稀疏矩阵方程 $Ax=b$ 上。本章提出了生成系数矩阵的克罗内克积方法, 能够快速地生成系数矩阵。为了使系数矩阵带宽更窄, 采取了按 Yee 元胞排序的系数矩阵预处理方案。建立了集总电路参数条件下的源项和系数矩阵更新方法。最后, 讨论了不同矩阵方程的求解方法。

第6章　AH FDTD 方法应用及拓展研究

本章主要介绍 AH FDTD 在其他方面的拓展研究。在 AH FDTD 方法体系搭建完成的基础上，着重分析其在处理频率相关问题、周期结构和柱坐标系中的实现以及跨学科领域中的应用。最后，讨论其他基函数实现无条件稳定算法的新方法。

6.1　一般色散介质问题

色散介质问题属于频域相关的问题，它在时域表现为如何处理卷积的问题。从信号和系统的观点上来分析，色散关系是一种系统转移关系。根据第 2 章 AH 系统转移矩阵的概念，在 AH 域它可以表现为基于 AH 转移矩阵的线性关系。因此，它也就能比较方便地嵌入 AH FDTD 方法中，并能处理一般的色散介质问题。下面进行具体分析。

电场密度函数 $D\left(r, \mathrm{j}\omega\right)$ 和电场强度 $E\left(r, \mathrm{j}\omega\right)$ 的关系可以通过 $\varepsilon_0\varepsilon_r\left(\mathrm{j}\omega\right)$ 来表示

$$D\left(r, \mathrm{j}\omega\right) = \varepsilon_0\varepsilon_r\left(\mathrm{j}\omega\right) \otimes E\left(r, \mathrm{j}\omega\right) \tag{6.1}$$

式中，$\varepsilon_r\left(\mathrm{j}\omega\right)$ 为频率相关的媒介参数。它可以为实测数据，也可以为根据预先知道的色散模型及参数得到的数据。常见的色散模型有 Debye 模型、Drude 模型和 Lorentz 模型[20]等。

对于给出实测数据或者仅仅已知 $\varepsilon_r\left(\mathrm{j}\omega\right)$ 的情况，通过 AH 转移矩阵将式 (6.1) 变换到 AH 域

$$D|_r = \varepsilon_0 H_{ah(\varepsilon)}^{\mathrm{Trans}} \, E|_r \tag{6.2}$$

式中，$H_{ah(\varepsilon_r)}^{\mathrm{Trans}}$ 为 $\varepsilon_r\left(\mathrm{j}\omega\right)$ 的 AH 转移矩阵；$D|_r$ 和 $E|_r$ 分别为 $D\left(r, \mathrm{j}\omega\right)$ 和 $E\left(r, \mathrm{j}\omega\right)$ 的 AH 域 Q 维列向量。AH 转移矩阵的计算可以直接通过第 2 章中频域的计算公式得到，这种不涉及 $\varepsilon_r\left(\mathrm{j}\omega\right)$ 中具体模型参数的计算方式可以称之为 "打包式" 的计算方法，或者根据 AH 转移矩阵和 AH 线性算子的关系 "分解式" 地计算，如三大色散模型。

Debye 模型：

$$\varepsilon_r^{\mathrm{Debye}}\left(\mathrm{j}\omega\right) = \varepsilon_\infty + \sum_{p=1}^{P} \frac{\Delta\varepsilon_p}{1 + \mathrm{j}\omega\tau_p} \tag{6.3}$$

Drude 模型：

$$\varepsilon_r^{\mathrm{Drude}}(\mathrm{j}\omega) = \varepsilon_\infty - \sum_{p=1}^{P} \frac{\omega_p^2}{\omega^2 - \mathrm{j}\omega v_p} \tag{6.4}$$

Lorentz 模型：

$$\varepsilon_r^{\mathrm{Lorentz}}(\mathrm{j}\omega) = \varepsilon_\infty + \sum_{p=1}^{P} \frac{\Delta\varepsilon_p \omega_p^2}{\omega_p^2 + 2\mathrm{j}\omega v - \omega^2} \tag{6.5}$$

由于以上三种色散模型为有理模型，因此只需做算子的替换

$$\mathrm{j}\omega \to \alpha \tag{6.6}$$

就能得到 AH 域的线性色散算子。例如，Drude 模型的 AH 域线性算子为

$$H_{ah(\varepsilon_r^{\mathrm{Drude}})} = \varepsilon_\infty I + \sum_{p=1}^{P} \omega_p^2 \left(\alpha^2 + \alpha v_p\right)^{-1} \tag{6.7}$$

因此，$\varepsilon_r^{\mathrm{Drude}}(\mathrm{j}\omega)$ 的 AH 转移矩阵 $H_{ah(\varepsilon_r)}^{\mathrm{Trans}} = H_{ah(\varepsilon^{\mathrm{Drude}})}$。

不管计算方法是"打包式"还是"分解式"，最终都能得到 $\varepsilon_r(\mathrm{j}\omega)$ 的 AH 转移矩阵，然后代入色散方程进行求解。考虑简单的色散方程，在前文式 (4.1)~式 (4.3) 的基础上引入色散项，并将其转化到频域中进行分析

$$\frac{\partial}{\partial t} D_x(r, \mathrm{j}\omega) = \frac{1}{\varepsilon_0} \frac{\partial}{\partial y} H_z(r, \mathrm{j}\omega) - \frac{J_x(r, \mathrm{j}\omega)}{\varepsilon_0} \tag{6.8}$$

$$\frac{\partial}{\partial t} D_y(r, \mathrm{j}\omega) = -\frac{1}{\varepsilon_0} \frac{\partial}{\partial x} H_z(r, \mathrm{j}\omega) - \frac{J_y(r, \mathrm{j}\omega)}{\varepsilon_0} \tag{6.9}$$

$$\frac{\partial}{\partial t} H_z(r, \mathrm{j}\omega) = \frac{1}{\mu(r)} \frac{\partial}{\partial y} E_x(r, \mathrm{j}\omega) - \frac{1}{\mu(r)} \frac{\partial}{\partial x} E_y(r, \mathrm{j}\omega) \tag{6.10}$$

结合式 (6.2)，将式 (6.8)~式 (6.10) 变换到 AH 域

$$\alpha H_{ah(\varepsilon_r)}^{\mathrm{Trans}} E_x\Big|_{i,j} = \overline{C}_y^E\Big|_{i,j} \left(H_z|_{i,j} - H_z|_{i,j-1}\right) - \frac{1}{\varepsilon_{i,j}} J_x|_{i,j} \tag{6.11}$$

$$\alpha H_{ah(\varepsilon_r)}^{\mathrm{Trans}} E_y\Big|_{i,j} = -\overline{C}_x^E\Big|_{i,j} \left(H_z|_{i,j} - H_z|_{i-1,j}\right) - \frac{1}{\varepsilon_{i,j}} J_y|_{i,j} \tag{6.12}$$

$$\alpha H_z|_{i,j} = \overline{C}_y^H\Big|_{i,j} \left(E_x|_{i,j+1} - E_x|_{i,j}\right) - \overline{C}_x^H\Big|_{i,j} \left(E_y|_{i+1,j} - E_y|_{i,j}\right) \tag{6.13}$$

比较式 (6.11)~式 (6.13) 和式 (4.1)~式 (4.3)，可以发现仅仅方程 (6.11) 和方程 (6.12) 左端进行了修改，因此后面的计算可以参考前文的分析，并且可以变换到 AH 特征域进行最终的求解。

下面以一个数值算例进行分析[110]。考虑二维 TEz 平面波在包含非均匀色散介质填充的平行波导中传播，如图 6.1 所示。色散介质的色散模型为有耗 Drude 模型：$\varepsilon_\infty = 1$, $\sigma = 0.01\text{S/m}$, $\omega_p = 2\pi \times 2.87 \times 10^{10}\text{rad/s}$, $v = 20 \times 10^9\text{rad/s}$。选用高斯微分脉冲作为平面波激励源。为了比较方法的精度，通过两个采样点场值的计算得到反射和透射系数结果，并且采取无条件稳定的 ADI FDTD 方法进行比较。当稳定性因子 (CFLN) 选择为 2 和 7 时，两者的计算结果与解析解[145]的比较如图 6.2 所示。从图中可以看出，当稳定性因子为 2 时，两者都能和解析解较好地吻

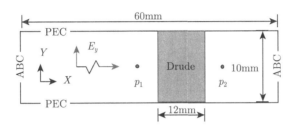

图 6.1 Drude 色散介质计算配置图[110]

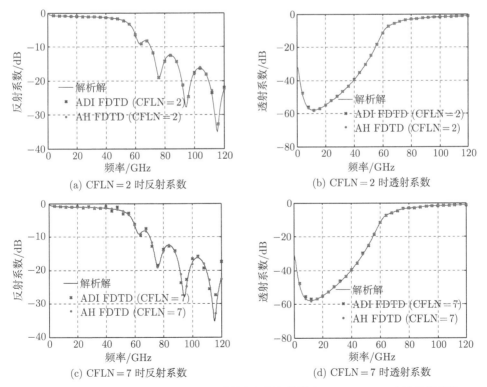

(a) CFLN = 2 时反射系数   (b) CFLN = 2 时透射系数

(c) CFLN = 7 时反射系数   (d) CFLN = 7 时透射系数

图 6.2 Drude 色散介质透射、反射系数与解析解[145]和 ADI FDTD 方法比较[110]

合。而稳定性因子为 7 时，ADI FDTD 方法的误差要大于 AH FDTD 方法计算的结果，尤其表现在反射系数的计算结果中，并且这种误差会随着稳定性因子的增大而增大。这说明，采取正交基函数展开的无条件稳定 AH FDTD 方法，其数值色散误差要小于无条件稳定的 ADI FDTD 方法。表 6.1 给出了两种无条件稳定计算方法消耗资源的对比，可以看出，AH FDTD 方法相比 ADI FDTD 方法有更高的计算效率，其计算时间并不随稳定性因子的变化而变化，因为其耗时主要集中在 LU 分解上，但以牺牲较高的计算内存为代价。

表 6.1　计算资源比较[110]

方法	内存/Mbit	CPU 时间/s	
		CFLN= 2	CFLN= 7
ADI FDTD 方法	1.46	17.6	5.2
AH FDTD 方法	154.2	3.1	3.1

6.2　阻抗边界条件INBCs 问题

下面讨论 AH FDTD 方法在另外一种频率相关问题中的应用。对复合材料阻抗网络边界条件 (INBCs) 建模[136-144]，核心思想为将二端口阻抗网络边界关系方程转化到 AH 域，然后嵌入 AH FDTD 进行计算。

图 6.3(a) 为一块厚度为 d 的薄介质板 (thin conductive layers, TCL)，它可由单层或多层均匀的板件组成。每一层的相对介电常数为 ε_s，相对磁导率为 μ_s，电导率为 σ_s。该板件所在的区域为 Ω_s，周围介质所在的区域为 Ω_0。若该板件被垂直于板件的平面波照射，其两侧的切向电场和磁场分量满足二端口阻抗网络方程[136]：

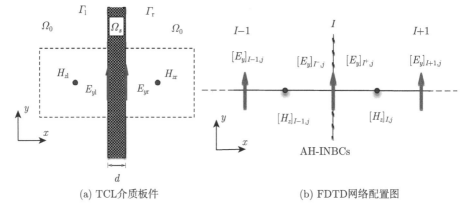

(a) TCL介质板件　　　　　　　　　　　(b) FDTD网络配置图

图 6.3　单层 TCL 介质板件及其 FDTD 网格配置图[144]

$$E_{y1}(j\omega) = Z_1(j\omega) H_{z1}(j\omega) - Z_t(j\omega) H_{zr}(j\omega) \tag{6.14}$$

$$E_{yr}\,(\mathrm{j}\omega) = -Z_{\mathrm{r}}\,(\mathrm{j}\omega)\,H_{zr}\,(\mathrm{j}\omega) + Z_{\mathrm{t}}\,(\mathrm{j}\omega)\,H_{zl}\,(\mathrm{j}\omega) \tag{6.15}$$

式中, Z_{l} 和 Z_{r} 为介质板的左右表面阻抗; Z_{t} 为两侧表面之间的转移阻抗。对于单层均匀介质板, 其阻抗可以表示为

$$Z_{\mathrm{l}}\,(\mathrm{j}\omega) = Z_{\mathrm{r}}\,(\mathrm{j}\omega) = \eta\coth\,(\gamma d) \tag{6.16}$$

$$Z_{\mathrm{t}}\,(\mathrm{j}\omega) = \eta/\sinh\,(\gamma d) \tag{6.17}$$

式中, $\eta = \sqrt{\mu_s/(\varepsilon_s + \sigma_s/\mathrm{j}\omega)}$ 和 $\gamma = \mathrm{j}\omega\sqrt{\mu_s\,(\varepsilon_s + \sigma_s/\mathrm{j}\omega)}$ 分别为特性阻抗和传播常数。而对于多层情况, 可以对单层阻抗采取矩阵相乘的形式求得[144]。

注意方程 (6.14) 和方程 (6.15) 一般需要满足以下两个假设条件[144]: ① 介质板中每一铺层为均匀介质; ② 介质层内的传播常数比周围介质大得多。

结合第 2 章 AH 转移矩阵的分析, 下面将频域的 INBCs 方程 (6.14) 和方程 (6.15) 转化到 AH 域

$$E_{yl} = H_{ah(Z_l)}^{\mathrm{Trans}} H_{zl} - H_{ah(Z_t)}^{\mathrm{Trans}} H_{zr} \tag{6.18}$$

$$E_{yr} = -H_{ah(Z_r)}^{\mathrm{Trans}} H_{zr} + H_{ah(Z_t)}^{\mathrm{Trans}} H_{zl} \tag{6.19}$$

式中, E_{yl}, E_{yr}, H_{zl} 和 H_{zr} 为 AH 域的 Q 维列向量; $H_{ah(Z_l)}^{\mathrm{Trans}}$, $H_{ah(Z_r)}^{\mathrm{Trans}}$ 和 $H_{ah(Z_t)}^{\mathrm{Trans}}$ 分别为阻抗 Z_l, Z_r 和 Z_t 的 AH 转移矩阵, 其转移矩阵的具体计算方法参考第 2 章。

为方便分析, 将第 4 章中 AH 域 Maxwell 方程重写如下:

$$\alpha\,E_x|_{i,j} = \left.\overline{C}_y^E\right|_{i,j}\left(\left.H_z\right|_{i,j} - \left.H_z\right|_{i,j-1}\right) - \frac{1}{\varepsilon_{i,j}}\,J_x|_{i,j} \tag{6.20}$$

$$\alpha\,E_y|_{i,j} = -\left.\overline{C}_x^E\right|_{i,j}\left(\left.H_z\right|_{i,j} - \left.H_z\right|_{i-1,j}\right) - \frac{1}{\varepsilon_{i,j}}\,J_y|_{i,j} \tag{6.21}$$

$$\alpha\,H_z|_{i,j} = \left.\overline{C}_y^H\right|_{i,j}\left(\left.E_x\right|_{i,j+1} - \left.E_x\right|_{i,j}\right) - \left.\overline{C}_x^H\right|_{i,j}\left(\left.E_y\right|_{i+1,j} - \left.E_y\right|_{i,j}\right) \tag{6.22}$$

若薄板的中心位于 $i = I$ 的位置, 如图 6.3(b) 所示, 表面磁场分别用左右两侧 FDTD 网格点的磁场近似:

$$H_{zl} \approx \left.H_z\right|_{I-1,j} \tag{6.23}$$

$$H_{zr} \approx \left.H_z\right|_{I,j} \tag{6.24}$$

然后将它们代入式 (6.18) 和式 (6.19), 则可得

$$E_{yl} = H_{ah(Z_l)}^{\mathrm{Trans}}\,H_z|_{I-1,j} - H_{ah(Z_t)}^{\mathrm{Trans}}\,H_z|_{I,j} \tag{6.25}$$

$$E_{yr} = -H_{ah(Z_r)}^{\mathrm{Trans}}\,H_z|_{I,j} + H_{ah(Z_t)}^{\mathrm{Trans}}\,H_z|_{I-1,j} \tag{6.26}$$

　　将式 (6.25) 和式 (6.26) 中 E_{yl} 和 E_{yr} 替换为 $E_y|_{I,j}$ 并分别代入式 (6.22)，得到关于 $H_z|_{I-1,j}$ 和 $H_z|_{I,j}$ 的更新方程。最后将电场方程 (6.20) 和方程 (6.21) 代入磁场方程 (6.22) 中，得到磁场的隐式方程：

$$a_{l(i,j)}\, H_z|_{i-1,j} + a_{r(i+1,j)}\, H_z|_{i+1,j} + a_{m(i,j)}\, H_z|_{i,j} + a_{d(i,j)}\, H_z|_{i,j-1}$$
$$+ a_{u(i,j+1)}\, H_z|_{i,j+1} = b|_{i,j} \tag{6.27}$$

式中，各系数和前文基本一致，仅仅在 $i = I-1$ 和 $i = I$ 时要做较小的修改。如当 $i = I-1$ 时，需要修改的量为 $a_{r(I,j)}$ 和 $a_{m(I-1,j)}$：

$$a_{r(I,j)} = \overline{C}_x^E\Big|_{I,j}\ \overline{C}_x^H\Big|_{I-1,j}\ \alpha^{-1} H_{ah(Z_t)}^{\mathrm{Trans}} \tag{6.28}$$

$$a_{m(I-1,j)} = -\left(a_{l(I-1,j)} + \overline{C}_x^E\Big|_{I,j}\ \overline{C}_x^H\Big|_{I-1,j}\ \alpha^{-1} H_{ah(Z_l)}^{\mathrm{Trans}} + a_{d(I-1,j)} + a_{u(I-1,j+1)} + \alpha \right) \tag{6.29}$$

当 $i = I$ 时，需要修改的量为 $a_{l(I,j)}$ 和 $a_{m(I,j)}$：

$$a_{l(I,j)} = \overline{C}_x^E\Big|_{I,j}\ \overline{C}_x^H\Big|_{I,j}\ \alpha^{-1} H_{ah(Z_t)}^{\mathrm{Trans}} \tag{6.30}$$

$$a_{m(I,j)} = -\left(\overline{C}_x^E\Big|_{I,j}\ \overline{C}_x^H\Big|_{I,j}\ \alpha^{-1} H_{ah(Z_r)}^{\mathrm{Trans}} + a_{r(I+1,j)} + a_{d(I,j)} + a_{u(I,j+1)} + \alpha \right) \tag{6.31}$$

　　结合相应的吸收边界条件，方程 (6.27) 可以直接求解，也可运用 4.2 节中特征值变换技术得到特征域方程，再进行计算。通过频域入射场 $E_{\mathrm{inc}}(f)$ 及计算得到的透射场 $E_{\mathrm{trans}}(f)$ 结果，可以分析薄介质板的屏蔽效能。其屏蔽效能 (SE) 的计算公式为

$$\mathrm{SE} = 20\log_{10}\left(\frac{|E_{\mathrm{inc}}(f)|}{|E_{\mathrm{trans}}(f)|} \right) \tag{6.32}$$

　　值得注意的是，根据 AH 基函数时频同型的特点，求解出来的展开系数可以直接通过式 (2.20) 重构频域的结果，即

$$\mathrm{SE} = 20\log_{10}\left(\frac{\left| \sum_{q=0}^{Q-1} (-\mathrm{j})^q E_{\mathrm{inc}}^q \phi_q(2\pi f) \right|}{\left| \sum_{q=0}^{Q-1} (-\mathrm{j})^q E_{\mathrm{trans}}^q \phi_q(2\pi f) \right|} \right) \tag{6.33}$$

式中，E_{inc}^q 和 E_{trans}^q 为 AH 域展开系数；f 为频率数据，可以任意频点取样，因此可以方便地实现通过对数采样来分析更宽频带的屏蔽效能。

下面通过一个数值算例来具体分析 AH FDTD 方法在处理 INBCs 方面的应用。采取文献[144]中平面波对多层无限大介质板穿透的数值进行仿真。多层平板有四种不同的配置，如表 6.2 所示。空间网格大小为 $\Delta x = \dfrac{c}{30f_{\max}} = 0.1\mathrm{m}$，总共的计算网格数为 120。为了和传统 FDTD 计算做比较，采取不同的时间步 $\Delta t = \mathrm{CFLN}\left(\dfrac{\Delta x}{c}\right)$，式中 CFLN 为稳定性因子。采取一阶 Mur 吸收边界截断计算区域。

表 6.2 无限大平板介质配置简图

配置	层数	电导率/(S/m)	相对介电常数	厚度/mm
A	1	$\sigma_1 = 10^4$	$\varepsilon_{r1} = 2$	$d_1 = 1$
B	3	$\sigma_1 = 10^4$	$\varepsilon_{r1} = 2$	$d_1 = 0.6$
		$\sigma_2 = 50$	$\varepsilon_{r2} = 4$	$d_2 = 0.6$
		$\sigma_3 = 10^3$	$\varepsilon_{r3} = 3$	$d_3 = 0.6$
C	5	$\sigma_1 = \sigma_3 = 10^4$	$\varepsilon_{r1} = \varepsilon_{r3} = 2$	$d_1 = d_3 = 0.2$
		$\sigma_2 = \sigma_4 = 50$	$\varepsilon_{r2} = \varepsilon_{r4} = 4$	$d_2 = d_4 = 0.2$
		$\sigma_5 = 10^3$	$\varepsilon_{r5} = 3$	$d_5 = 0.2$
D	9	$\sigma_1 = \sigma_3 = \sigma_8 = 10^4$	$\varepsilon_{r1} = \varepsilon_{r3} = \varepsilon_{r8} = 2$	$d_1 = d_3 = d_8 = 0.2$
		$\sigma_2 = \sigma_4 = \sigma_6 = 50$	$\varepsilon_{r2} = \varepsilon_{r4} = \varepsilon_{r6} = 4$	$d_2 = d_4 = d_6 = 0.2$
		$\sigma_5 = \sigma_7 = \sigma_9 = 10^3$	$\varepsilon_{r5} = \varepsilon_{r7} = \varepsilon_{r9} = 3$	$d_5 = d_7 = d_9 = 0.2$

激励源为高斯脉冲波形：

$$E_{\mathrm{inc}}(t) = E_0 \exp\left[-\frac{(t-t_0)^2}{\tau^2}\right] (\mathrm{V/m}) \tag{6.34}$$

式中，$\tau = \dfrac{15\Delta x}{c}$ 和 $t_0 = 6\tau$。时域仿真分析的总时间为 18ns，而频域支撑区间为 4.8GHz。AH 基函数的参数配置为 $l = 5.42 \times 10^{-10}, Q = 118$ 且 $t_f = 9\mathrm{ns}$。

以表 6.2 中的配置 A 为例，首先通过这些参数计算 INBCs 的表面阻抗 Z_l、Z_r 和转移阻抗 Z_t。再根据这些阻抗计算相应的转移矩阵，其绝对值计算结果如图 6.4 所示。再将这些转移矩阵代入式 (6.28)~式 (6.31)，进行 AH FDTD 计算，得到展

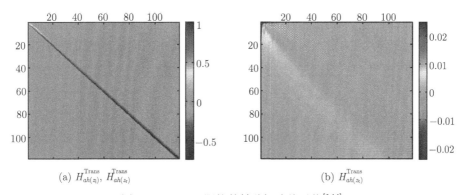

(a) $H_{ah(z_l)}^{\mathrm{Trans}}$, $H_{ah(z_r)}^{\mathrm{Trans}}$ (b) $H_{ah(z_t)}^{\mathrm{Trans}}$

图 6.4 INBCs 阻抗的转移矩阵绝对值[144]

开系数。最后将这些展开系数先后代入式 (6.33) 得到屏蔽效能的计算结果。表 6.2
中其他配置情况的计算过程与此基本相同。设定所分析的屏蔽效能的频带范围为
100Hz~1GHz。图 6.5 表明了本节计算结果和解析结果[145]进行对比的情况。

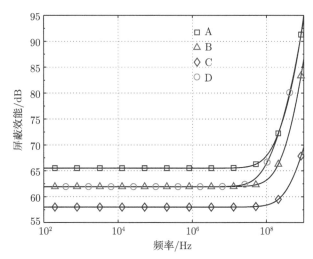

图 6.5   无限大平板在表 6.2 中不同配置时的屏蔽效能计算结果比较[144]

实线为实际的数值曲线

　　为进一步验证新方法的精度和效率，将其与精细网格常规 FDTD 进行比较。
以单层结构的配置 A 为例，设其厚度为 $d_1 = 1\mathrm{mm}$，考虑采取不同均匀网格进行剖
分的情形：$\Delta x = d_1$, $0.2d_1$, $0.02d_1$。对于常规 FDTD 方法，始终保持不变的稳定
性因子 CFLN = 1。这样的时间步数会随着网格尺寸的变小而变小，若仿真的总时
间保持不变，则迭代的时间步数会随着网格尺寸的变小而增大，因此耗时会增加。
而对 AH FDTD 方法，时间步数的大小并不影响计算耗时，因此在保证精度的情
况下可以适当调大稳定性因子。网格的划分除以上三种细网格尺寸外，还增加一种
仅在板件外划分的情况，即 $\Delta x = 10d_1$。实质上，在这种情况下使用 INBCs 方法才
有意义。这样得到的等效稳定性因子 CFLN=1, 10, 50 和 500。图 6.6 比较了 AH
FDTD 方法和传统 FDTD 方法的屏蔽效能误差。图中的屏蔽效能误差是与解析解
比较得到的，计算公式为

$$R = 100\left|\mathrm{SE}_{\mathrm{AH}}\left(f\right) - \mathrm{SE}_{\mathrm{Analytical}}\left(f\right)\right| / \left|\mathrm{SE}_{\mathrm{Analytical}}\left(f\right)\right| \tag{6.35}$$

　　从图中可以看出，传统 FDTD 方法的相对误差比 AH FDTD 方法大，并且随
着空间网格增大而增大，而 AH FDTD 方法的误差几乎不随空间网格尺寸的变化
而变化，基本保持在 0.001％ 以内。因此，AH FDTD 方法比常规方法在精度上有
较大优势。另外，计算耗时也少于常规方法。例如，在 $\Delta x = 0.02d_1$ 时，常规方法

耗时为 52.1s，而 AH FDTD 方法仅为 2.6s。

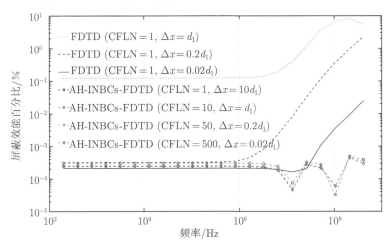

图 6.6　AH FDTD 方法和传统 FDTD 方法在不同空间网格划分时屏蔽效能误差[144]

总结以上基于 INBCs 的 AH FDTD 方法，它有如下特点：

(1) 不需要矢量拟合 (VF) 方法来估计系统函数，因此也不需要卷积运算，避免模型估计带来的精度损失。

(2) 也适合实测数据，因为实测数据也能快速求得阻抗的 AH 域转移矩阵。因此，能实现高效且无条件稳定的仿真计算。

(3) 屏蔽效能的计算可以直接通过展开系数和基函数在任意频点的采样获得，因此还能较快速地实现对数采样。

6.3　场对埋地传输线耦合问题

高空核电磁脉冲(HEMP) 可通过传导和耦合使传输线上产生强大的瞬时电压和电流，可能导致电气故障或电子系统的永久损坏。许多研究者分别在时域、频域对此做了相关研究[146-151]。由于传输线耦合涉及频散参数的处理，若采取 FDTD 计算方法，接地阻抗和接地导纳需要进行卷积积分处理[152,153]，而这些处理需要耗费较多的计算时间。但是，也有一些技术能对卷积有较好地处理，如迭代卷积技术[154]和数字滤波技术[155]等。本节借助 AH FDTD 方法研究场对传输线耦合的规律[113]。由于 AH 转移矩阵可以将频率相关的传输线参数直接转化到 AH 域并嵌入 AH FDTD 中计算，不仅避免了复杂的卷积运算，消除了传统 FDTD 方法中稳定性条件的限制[7,156]，而且大大提高了计算效率，可以用来实现快速的时/频域传输线问题分析。

6.3.1   AH 域场线耦合模型

考虑埋深为 d, 长度为 l, 具有绝缘护套的圆截面线缆沿着 x 轴水平放置, 其等效电路如图 6.7 所示。若该线缆被电磁脉冲场照射, 则线缆上耦合的电压和电流可以采用如下频域方程[155,157,158]:

$$\frac{\mathrm{d}\widetilde{V}\left(x,\mathrm{j}\omega\right)}{\mathrm{d}x} + Z\widetilde{I}\left(x,\mathrm{j}\omega\right) = \widetilde{E}_x\left(x-d,\mathrm{j}\omega\right) \tag{6.36}$$

$$\frac{\mathrm{d}\widetilde{I}\left(x,\mathrm{j}\omega\right)}{\mathrm{d}x} + Y\widetilde{V}\left(x,\mathrm{j}\omega\right) = 0 \tag{6.37}$$

式中, 轴向阻抗为

$$Z = \mathrm{j}\omega L + Z_w + Z_\mathrm{g} \tag{6.38}$$

横向导纳为

$$Y = \frac{(G + \mathrm{j}\omega C)\, Y_\mathrm{g}}{(G + \mathrm{j}\omega C) + Y_\mathrm{g}} \tag{6.39}$$

式中, L, C, G 和 Z_w 分别为线缆上单位长度的轴向电感、横向电容、横向导率和内阻抗; Y_g 和 Z_g 为地导纳和地阻抗, 它们是频率的函数。$\widetilde{V}\left(x,\mathrm{j}\omega\right)$, $\widetilde{I}\left(x,\mathrm{j}\omega\right)$ 和 $\widetilde{E}_x\left(x-d,\mathrm{j}\omega\right)$ 分别为耦合电压、耦合电流和入射场沿线缆长度方向的分量。

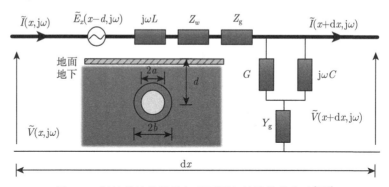

图 6.7   埋地传输线的几何配置图和等效传输电路[113]

将式 (6.36) 和式 (6.37) 转变为时域方程

$$\frac{\partial V_s\left(x,t\right)}{\partial x} + L\frac{\partial I_s\left(x,t\right)}{\partial t} + \varepsilon\left(t\right)\otimes I_s\left(x,t\right) = E_{x,s}\left(x-d,t\right) \tag{6.40}$$

$$\frac{\partial I_s\left(x,t\right)}{\partial x} + GV_s\left(x,t\right) + C\frac{\partial V_s\left(x,t\right)}{\partial t} + \eta\left(t\right)\otimes V_s\left(x,t\right) = 0 \tag{6.41}$$

式中, $\varepsilon\left(t\right) = F^{-1}\left(Z'\right)$, $F^{-1}\left(\cdot\right)$ 为逆傅里叶变换 (IFT); $Z' = Z_w + Z_\mathrm{g}$, $\eta\left(t\right) = F^{-1}\left(Y'\right)$ 和

$$Y' = -\frac{(G + \mathrm{j}\omega C)^2}{(G + \mathrm{j}\omega C) + Y_\mathrm{g}} \tag{6.42}$$

借鉴 6.1 节中 AH FDTD 方法关于色散介质的处理方法，卷积算子可用 AH 转移矩阵替换 H_{ah}^{Trans}，频域或时域微分算子可用 AH 微分转移矩阵 α 替换，则式 (6.40) 和式 (6.41) 转换到 AH 域表示为

$$\frac{\mathrm{d}V\left(x\right)}{\mathrm{d}x} + \left(L\alpha + H_{ah(\varepsilon)}^{\text{Trans}}\right) I\left(x\right) = E_x\left(x - d\right) \tag{6.43}$$

$$\frac{\mathrm{d}I\left(x\right)}{\mathrm{d}x} + \left(G + C\alpha + H_{ah(\eta)}^{\text{Trans}}\right) V\left(x\right) = 0 \tag{6.44}$$

式中，$H_{ah(\varepsilon)}^{\text{Trans}}$ 和 $H_{ah(\eta)}^{\text{Trans}}$ 分别为 $\varepsilon\left(t\right)$ 和 $\eta\left(t\right)$ 的 AH 转移矩阵，计算方法可以参考 2.2 节相关内容。空间采取中心差分进行离散，两端分别接上负载 Z_0 和 Z_l，如图 6.8 所示。

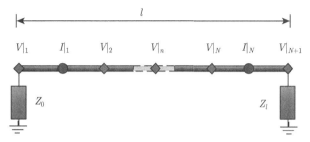

图 6.8　长度为 l、端接负载为 Z_0 和 Z_l 的电缆及其离散[144]

离散后的差分方程为

$$\alpha_I\, I|_n = -\frac{V|_{n+1} - V|_n}{\Delta x} + E_x|_n \tag{6.45}$$

$$\alpha_V\, V|_n = -\frac{I|_n - I|_{n-1}}{\Delta x} \tag{6.46}$$

式中，$\alpha_I = L\alpha + H_{ah(\varepsilon)}^{\text{Trans}}$；$\alpha_V = G\beta + C\alpha + H_{ah(\eta)}^{\text{Trans}}$；$\Delta x$ 为空间网格尺寸；β 为 Q 阶单位矩阵。通过将式 (6.46) 代入式 (6.45) 中消除电压分量，得到关于电流的三对角隐式方程：

$$a_l\, I|_{n-1} + a_m I|_n + a_r I|_{n+1} = b_n \tag{6.47}$$

式中，$a_l = \dfrac{\alpha_V^{-1}}{\left(\Delta x\right)^2}$；$a_r = a_l$；$a_m = -\left(a_r + a_l + \alpha_I\right)$ 和 $b_n = -\left.E_x\right|_n$。

采取文献[155]中线性插值的边界条件，并把它们转化到 AH 域得

$$V|_1 = -H_{ah(Z_0)}^{\text{Trans}}\frac{3I|_1 - I|_2}{2} \tag{6.48}$$

$$V|_{N+1} = H_{ah(Z_l)}^{\text{Trans}}\frac{3I|_N - I|_{N-1}}{2} \tag{6.49}$$

式中，$H_{ah(Z_0)}^{\mathrm{Trans}}$ 和 $H_{ah(Z_l)}^{\mathrm{Trans}}$ 分别为端负载 Z_0 和 Z_l 对应的 AH 转移矩阵。值得注意的是，这里的负载 Z_0 和 Z_l 可以是任意色散的负载。将式 (6.48) 和式 (6.49) 代入式 (6.46) 中，可以得到式 (6.47) 在端点处的系数，即

当 $n = 1$ 时，

$$a_l = 0, \quad a_r = \frac{\alpha_V^{-1}}{(\Delta x)^2} + \frac{H_{ah(Z_0)}^{\mathrm{Trans}}}{2\Delta x}, \quad a_m = -\left(\frac{\alpha_V^{-1}}{(\Delta x)^2} + \frac{3H_{ah(Z_0)}^{\mathrm{Trans}}}{2\Delta x} + \alpha_I\right) \tag{6.50}$$

当 $n = N$ 时，

$$a_l = \frac{\alpha_V^{-1}}{(\Delta x)^2} + \frac{H_{ah(Z_l)}^{\mathrm{Trans}}}{2\Delta x}, \quad a_r = 0, \quad a_m = -\left(\frac{\alpha_V^{-1}}{(\Delta x)^2} + \frac{3H_{ah(Z_l)}^{\mathrm{Trans}}}{2\Delta x} + \alpha_I\right) \tag{6.51}$$

考虑以上吸收边界后，方程 (6.47) 就可采取追赶法快速求解，电压展开系数可由式 (6.46) 得到，最终时频域的耦合电压和耦合电流则可以重构得到。

6.3.2　埋地传输线耦合计算和分析

为分析埋地传输线在平面波照射下的耦合情况，分别采取高斯微分脉冲和 HEMP[159]进行激励。

1) 高斯微分脉冲

$$G(t) = E_0 \frac{\sqrt{2e}}{\tau_0} (t - t_0) \exp\left[-\frac{(t - t_0)^2}{\tau_0^2}\right] \tag{6.52}$$

式中，$E_0 = 1\mathrm{V/m}$；$\tau_0 = \dfrac{n_c \Delta x}{2c}$；$n_c = 440$ 为波长网格比；c 为真空中的光速；$t_0 = 8\tau_0$。

2) HEMP

$$G(t) = E_0\left(\mathrm{e}^{-t/\tau_1} - \mathrm{e}^{-t/\tau_2}\right) \tag{6.53}$$

式中，$E_0 = 5.25 \times 10^4 \mathrm{V/m}$；$\tau_1 = 2.50 \times 10^{-8}\mathrm{s}$ 和 $\tau_2 = 1.67 \times 10^{-9}\mathrm{s}$。

若考虑平面波的斜入射、地面反射及损耗等因素，则距地面深度为 d，沿 x 方向的水平电场分量为[155,157]

$$\widetilde{E}_x(\omega, d) = (2E_{iv}\cos\varphi + 2E_{ih}\sin\psi\varphi)\,\widetilde{G}(\omega)\sqrt{\frac{\mathrm{j}\omega\varepsilon_0}{\sigma_\mathrm{g}}}\,\mathrm{e}^{-(1+\mathrm{j})d/\delta} \tag{6.54}$$

式中，$\widetilde{G}(\omega)$ 为 $G(t)$ 的傅里叶变换；ψ 和 φ 为入射角；E_{iv} 和 E_{ih} 为归一化入射场垂直和水平分量的大小；$\delta = \dfrac{1}{\sqrt{\omega\mu_0\sigma_c/2}}$ 为线缆趋肤深度；σ_g 为土壤电导率。可以将式 (6.54) 直接转化到 AH 域，然后代入式 (6.47) 得到方程的已知项 b_n。

在 1kHz~30MHz 的频率范围内，长度方向的阻抗主要来自地阻抗 Z_g，与之相比，内阻抗 Z_w 要小得多[155]。根据 Vance 的理论，地阻抗 Z_g 可以近似为

$$Z_g \approx \frac{\omega\mu_0}{8} + j\omega\frac{\mu_0}{2\pi}\ln\frac{\sqrt{2}\delta}{\gamma_0 b} \tag{6.55}$$

式中，$\gamma_0 = 1.7811$。另外，此时的横向导纳 G 可以忽略，因此式 (6.41) 中的单位长度的分流导纳可表示为

$$Y' = -\frac{(j\omega C)^2}{j\omega C + Y_g} \tag{6.56}$$

式中，$Y_g \approx \gamma^2/Z_g$，$\gamma = \sqrt{j\omega\mu_0(\sigma_g + j\omega\varepsilon_0\varepsilon_g)}$ 为土壤传播常数。

线缆的几何配置参数 (图 6.7) 为 $a = 2.5\text{cm}$，$b = 2.6\text{cm}$，绝缘层相对介电常数为 $\varepsilon_{rc} = 2.3$，线缆埋深为 $d = 1\text{m}$ 且长度为 $l = 25\text{m}$。土壤电导率 σ_g 设为 0.0001S/m，土壤相对介电常数 ε_g 为 10，平面波的入射角为 $\psi = 26.6°$ 和 $\varphi = 17.1°$。

对于入射波为高斯微分脉冲波形式 (6.52) 的情形，若始端阻抗匹配而终端选择开路，则用 AH FDTD 方法计算的线缆中点处的感应电流时域波形如图 6.9(a) 所示。为了进一步验证 AH 转移矩阵在该方法计算过程中取代卷积运算 $V_z(t) = \varepsilon(t)\otimes I_s(x,t)$ 的正确性和有效性，选取 IFT 方法计算的结果，即 $V_z(t) = F^{-1}\left(Z'\widetilde{I}(x,j\omega)\right)$ 与之对比。选取计算的感应电流为输入信号 $I_s(x,t)$，系统函数设定为式 (6.55) 中的土壤阻抗 Z_g，则输出信号可以由 AH 基函数展开为 $V_z(t) = \sum_{q=0}^{Q-1} V_z^q \phi_q(t)$，式中，$V_z = \left[V_z^0, \cdots, V_z^q, \cdots, V_z^{Q-1}\right]^T$ 为输出信号的展开系数。它可以由 $V_z = H_{ah(Z_g)}^{\text{Trans}} I(x)$ 计算得到，式中，$H_{ah(Z_g)}^{\text{Trans}}$ 为 Z_g 的 AH 转移矩阵，$I(x)$ 为感应电流 $I_s(x,t)$ 的 AH 域 Q 维列向量。Z_g 的幅度及其转移矩阵的绝对值如图 6.9(b) 和图 6.9(c) 所示。AH 基函数的参数选择为：阶数 $Q = 36$，尺度因子 $l = 8\times 10^{-8}$，平移因子 $T_f = 1000\text{ns}$。AH 转移矩阵计算的结果和 IFT 计算的结果如图 6.9(d) 所示。从图中可以看出 AH 方法的正确性，另外从图 6.9(e) 可以进一步看出它们之间较小的相对误差，基本上低于 -30dB。这意味着，用 AH 转移矩阵能够较好地反映土壤色散阻抗模型，给 AH FDTD 计算提供基础。

图 6.9(f) 显示了 AH FDTD 方法和频域解析解[159]计算出来的线缆始端匹配、终端开路时终端耦合电压结果对比。可以看出，AH FDTD 方法计算出来的结果正确。其中，频域解公式为[159]

$$U_{\text{end}}(j\omega) = \frac{1 - e^{-(\gamma - jk\cos\psi\cos\varphi)l}}{\gamma - jk\cos\psi\cos\varphi}\widetilde{E}_x(j\omega, d) \tag{6.57}$$

在以上主要条件不改变的基础上，对以下两种情况作进一步分析：

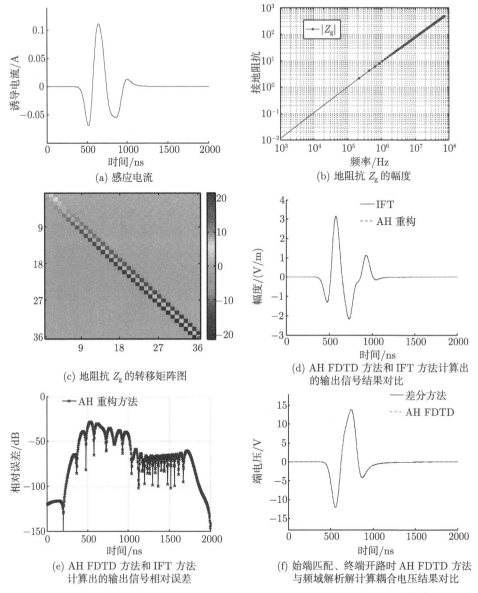

图 6.9　AH FDTD 方法计算耦合电压及 AH 转移矩阵有效性的验证[113]

(1) 土壤电导率 $\sigma_g = 0.005\text{S/m}$。图 6.10(a) 显示了终端耦合电压的计算结果,比较方法上新增加了基于数字滤波技术 (DF FDTD) 的传输线耦合电压计算方法[155]。结果表明,若仍然以频域解析解为参考解,AH FDTD 方法相比 DF FDTD 方法有更高的精度。从计算时间上看,DF FDTD 方法总耗时为 61s,而 AH FDTD 方法仅为 0.3s,因此计算效率也有明显优势。

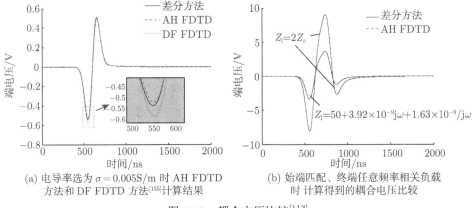

(a) 电导率选为 $\sigma = 0.005\text{S/m}$ 时 AH FDTD 方法和 DF FDTD 方法[155]计算结果

(b) 始端匹配、终端任意频率相关负载时计算得到的耦合电压比较

图 6.10 耦合电压比较[113]

(2) 任意频率相关的负载。当始端匹配、终端选择任意频率相关的负载时，计算终端的耦合电压，结果如图 6.10(b) 所示，从图可以看出 AH FDTD 方法能有效处理任意频率相关负载下的传输线耦合问题。终端负载可以任意选取，这里提供了两种：$Z_1 = 2Z_c$ 和 $Z_1 = 50 + 3.92 \times 10^{-9}\text{j}\omega + 1.63 \times 10^{-9}/\text{j}\omega$，式中，$Z_c$ 为传输线特性阻抗。

下面对入射场为 HEMP 时的情况进行分析。在这里设置土壤电导率为 $\sigma_g = 0.001\text{S/m}$ 和线缆长度为 50m 的两种情况，计算出的结果如图 6.11 所示。图 6.11(a) 中反映了电导率为 0.001S/m、长度分别选为 25m 和 50m 时 AH FDTD 方法与频域解析解的计算结果对比。而图 6.11(b) 展示了电导率为 0.0001S/m 时的计算结果。计算的结果和频域解析解吻合。因此，可以说明 AH FDTD 方法也能在 HEMP 的作用下仿真场对线缆的耦合效应。

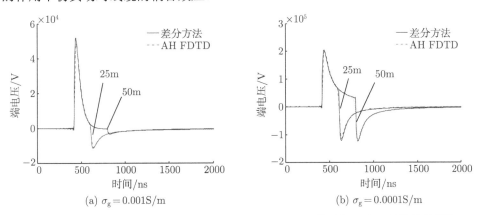

(a) $\sigma_g = 0.001\text{S/m}$

(b) $\sigma_g = 0.0001\text{S/m}$

图 6.11 HEMP 作用下不同长度线缆 ($l = 25\text{m}, 50\text{m}$) 终端耦合电压计算结果[113]

在以上研究过程中发现，式 (6.57) 中的频域解 $U_{\text{end}}(\text{j}\omega)$ 有时会出现 "不归零"

的现象, 这里作简单的分析和讨论。例如, 选择标准场 HEMP 为入射场, 计算埋深
为 1m、不同线缆长度 l 和观察时间长度 T 时线缆末端的耦合电压, 得到的计算结
果如图 6.12 所示。其中, 图 6.12(a) 为 HEMP2 场及加在线缆末端的切向电压, 图
6.12(b) 为保持观察时间长度 $T = 900$ns 不变, 线缆长度分别选择 $l = 1$m, 5m, 25m
和 50m 时计算得到的耦合电压, 而图 6.12(c) 为保持线缆长度为 $l = 25$m 不变, 选
择不同观察时间分别为 $T = 600$ns, 900ns 和 2700ns 时计算得到的耦合电压。

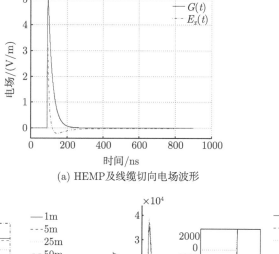

(a) HEMP及线缆切向电场波形

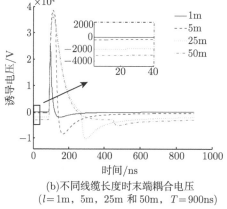

(b)不同线缆长度时末端耦合电压
($l=1$m, 5m, 25m 和 50m, $T=900$ns)

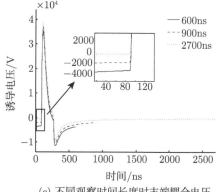

(c) 不同观察时间长度时末端耦合电压
($l=25$m, $T=600$ns, 900ns 和 2700ns)

图 6.12   HEMP 照射下线缆末端耦合电压

综合图 6.12(b) 和图 6.12(c) 的两种情况可以发现: 适当缩短线缆长度或者增
加观测时间, 能使频域结果 "归零" 并趋于准确值。若对长线或者短观测时间的结
果直接 "硬" 归零, 却并不准确。这里的 "硬" 归零指将所有时刻的值按初始时刻
的值进行补偿。这是因为从式 (6.54) 可以看出, 平面波 $G(t)$ 从地面经过有耗色散
的土壤传到线缆每一点的电场波形都发生了变化, 可以看成衰减和时延的变化过
程, 这种变化最终又反映到频域结果中。如果这种变化过程有错误, 那么最终结果

也会有错误。而频域的 "时延" 体现一种 "循环时延" 特点，即一个波形在频域实现时延又回到时域后，初始值实质上是原始波形尾部的值。因此，当线缆长度过长时，时延也变大，使得 "循环时延" 后初始时刻的值不再为 0，最终使得频域结果在初始时刻 "不归零"。与此类似，观察时间短也会造成这种现象。因此，为使频域结果正确，应该适当增加观察时间，或者相对地选择更短的线缆。

6.4 周期结构问题

以二维周期有耗介质中考虑 CFS-PML 吸收边界的 TMz 方程为例

$$\left(\frac{\mathrm{j}\omega\varepsilon_z}{c} + \sigma_z^e\eta_0\right)P_z = \frac{1}{s_{ex}}\frac{\partial Q_y}{\partial x} - \frac{\partial Q_x}{\partial y} + \mathrm{j}k_y Q_x - J_z \tag{6.58}$$

$$\left(\frac{\mathrm{j}\omega\mu_x}{c} + \frac{\sigma_x^m}{\eta_0}\right)Q_x = -\frac{\partial P_z}{\partial y} + \mathrm{j}k_y P_z - M_x \tag{6.59}$$

$$\left(\frac{\mathrm{j}\omega\mu_y}{c} + \frac{\sigma_y^m}{\eta_0}\right)Q_y = \frac{1}{s_{mx}}\frac{\partial P_z}{\partial x} - M_y \tag{6.60}$$

式中，ε_z 和 μ_ξ 分别为相对介电常数和磁导率；$Q_\xi = \eta_0 H_\xi \mathrm{e}^{\mathrm{j}k_y y}$；$P_z = E_z \mathrm{e}^{\mathrm{j}k_y y}$，其中 $\xi = x,y$，$k_y = k\sin\theta = \omega\sin\dfrac{\theta}{c}$；$s$ 为辅助变量：

$$s_{ez} = \kappa_{ex} + \sigma_{pex}/(\eta_{ex} + \mathrm{j}\omega\varepsilon_0) \tag{6.61}$$

$$s_{mx} = \kappa_{mx} + \sigma_{pmx}/(\eta_{mx} + \mathrm{j}\omega\mu_0) \tag{6.62}$$

对式 (6.58)~式 (6.60) 进行 AH 域变换，并在空间上进行离散得到

$$\begin{aligned}\alpha_{ez(i,j)}\,P_z|_{i,j} =\ & \alpha_{Sex(i,j)}^{-1}\left(Q_y|_{i,j} - Q_y|_{i-1,j}\right)/\Delta\overline{x}_i \\ & -\left[\left(1-\overline{\lambda}_j\right)Q_x|_{i,j} - \left(1+\overline{\lambda}_j\right)Q_x|_{i,j-1}\right]/\Delta\overline{y}_j - J_z|_{i,j}\end{aligned} \tag{6.63}$$

$$\alpha_{mx(i,j)}\,Q_x|_{i,j} = -\left[\left(1-\lambda_j\right)P_z|_{i,j+1} - \left(1+\lambda_j\right)P_z|_{i,j}\right]/\Delta y_j - M_x|_{i,j} \tag{6.64}$$

$$\alpha_{y(i,j)}^m\,Q_y|_{i,j} = \alpha_{Smx(i,j)}^{-1}\left(P_z|_{i+1,j} - P_z|_{i,j}\right)/\Delta x_i - M_y|_{i,j} \tag{6.65}$$

式中，$\lambda_j = \dfrac{\sin\theta\Delta y_j}{2c}\alpha$；$\overline{\lambda}_j = \dfrac{\sin\theta\Delta\overline{y}_j}{2c}\alpha$；$\alpha$ 为 AH 微分转移矩阵，其余的中间变量为

$$\alpha_{z(i,j)}^e = \varepsilon_z|_{i,j}\,\alpha/c + \left(\sigma_z^e|_{i,j}\,\eta_0\right)I \tag{6.66}$$

$$\alpha_{\xi(i,j)}^m = \mu_\xi|_{i,j}\,\alpha/c + \left(\sigma_\xi^m|_{i,j}/\eta_0\right)I \tag{6.67}$$

$$\alpha_{Sex(i,j)} = \kappa_{ex}|_{i,j} I + \sigma_{pex}|_{i,j} \left(\eta_{ex}|_{i,j} I + \alpha\varepsilon_0 \right)^{-1} \tag{6.68}$$

$$\alpha_{Smx(i,j)} = \kappa_{mx}|_{i,j} I + \sigma_{pmx}|_{i,j} \left(\eta_{mx}|_{i,j} I + \alpha\mu_0 \right)^{-1} \tag{6.69}$$

将式 (6.64) 和式 (6.65) 中的磁场 Q_x 和 Q_y 代入电场 P_z 的方程 (6.63) 中得到关于电场展开系数的五点方程

$$A\left(k, k - n_{yp1}\right) P_z|_{i-1,j} + A\left(k, k + n_{yp1}\right) P_z|_{i+1,j} + A\left(k, k\right) P_z|_{i,j}$$
$$+A\left(k, k - 1\right) P_z|_{i,j-1} + A\left(k, k + 1\right) P_z|_{i,j+1} = b\left(k\right) \tag{6.70}$$

式中,

$$A\left(k, k + 1\right) = \left(1 - \overline{\lambda}_j\right) \left(1 - \lambda_j\right) \alpha_{x(i,j)}^{m-1}/\Delta y_j/\Delta \overline{y}_j \tag{6.71}$$

$$A\left(k, k - 1\right) = \left(1 + \overline{\lambda}_j\right) \left(1 + \lambda_{j-1}\right) \alpha_{x(i,j-1)}^{m-1}/\Delta y_{j-1}/\Delta \overline{y}_j \tag{6.72}$$

$$A\left(k, k - n_{yp1}\right) = \alpha_{Sex(i,j)}^{-1} \alpha_{y(i-1,j)}^{m-1} \alpha_{Smx(i-1,j)}^{-1}/\Delta x_{i-1}/\Delta \overline{x}_i \tag{6.73}$$

$$A\left(k, k + n_{yp1}\right) = \alpha_{Sex(i,j)}^{-1} \alpha_{y(i,j)}^{m-1} \alpha_{Smx(i,j)}^{-1}/\Delta x_i/\Delta \overline{x}_i \tag{6.74}$$

$$A\left(k, k\right) = -\left[A\left(k, k + n_{yp1}\right) + A\left(k, k - n_{yp1}\right) + \frac{\left(1 + \lambda_j\right)}{\left(1 - \lambda_j\right)} A\left(k, k + 1\right) \right.$$
$$\left. + \frac{\left(1 - \overline{\lambda}_j\right)}{\left(1 + \overline{\lambda}_j\right)} A\left(k, k - 1\right) + \alpha_{ez(i,j)} \right] \tag{6.75}$$

$$b\left(k\right) = J_z|_{i,j} - \left(1 - \overline{\lambda}_j\right) \alpha_{x(i,j)}^{m-1} M_x|_{i,j}/\Delta \overline{y}_j + \left(1 + \overline{\lambda}_j\right) \alpha_{x(i,j-1)}^{m-1} M_x|_{i,j-1}/\Delta \overline{y}_j$$
$$+ \alpha_{Sex(i,j)}^{-1} \alpha_{y(i,j)}^{m-1} M_y|_{i,j}/\Delta \overline{x}_i - \alpha_{Sex(i,j)}^{-1} \alpha_{y(i-1,j)}^{m-1} M_y|_{i-1,j}/\Delta \overline{x}_i \tag{6.76}$$

根据前文关于 TF/SF 边界方程的推导, 连接边界 (左右) 的方程为

$$\alpha_{z(i,j)}^{e} P_z|_{i,j} = \alpha_{Sex(i,j)}^{-1} \left(Q_y|_{i,j} - Q_y|_{i-1,j} \right)/\Delta \overline{x}_i - \alpha_{Sex(i,j)}^{-1} Q_y|_{\text{inc},j}/\Delta \overline{x}_i \tag{6.77}$$

$$\alpha_{y(i,j)}^{m} Q_y\big|_{i,j} = \alpha_{Smx(i,j)}^{-1} \left(P_z|_{i+1,j} - P_z|_{i,j} \right)/\Delta x_i - \alpha_{Smx(i,j)}^{-1} P_z\big|_{\text{inc},j}/\Delta x_i \tag{6.78}$$

注意以上公式中 $Q_y|_{\text{inc},j}$ 相对 $P_z|_{\text{inc},j}$ 的时延修正量为 $\tau = \dfrac{\Delta x \cos\theta}{2c}$, 其中 θ 为平面波入射角度。

下面讨论周期边界 (PBC) 在 AH 域的实现。以上下边界为例, 在 $y = 0$ 或 $Y(j = 1$ 或 $n_{yp1})$ 处, 电场 P_z 满足 $P_z|_{i,1} = P_z|_{i,n_{yp1}}$, 根据周期性可得 $P_z|_{i,0} = P_z|_{i,n_y}$ 和 $P_z|_{i,2} = P_z|_{i,n_{yp2}}$, 进而可得到边界方程。式 (6.71)~式 (6.76) 重写并更新为

当 $j = 1$ 时,

$$A\left(k, k + 1\right) = \left(1 - \overline{\lambda}_j\right) \left(1 - \lambda_j\right) \alpha_{x(i,j)}^{m-1}/\Delta y_j/\Delta \overline{y}_j \tag{6.79}$$

$$A\left(k, k+n_y-1\right) = \left(1+\overline{\lambda}_j\right)\left(1+\lambda_{n_y}\right)\alpha_{x(i,n_y)}^{m-1}/\Delta y_{ny}/\Delta\overline{y}_j \tag{6.80}$$

$$A\left(k, k-n_{yp1}\right) = \alpha_{Sex(i,j)}^{-1}\alpha_{y(i-1,j)}^{m-1}\alpha_{Smx(i-1,j)}^{-1}/\Delta x_{i-1}/\Delta\overline{x}_i \tag{6.81}$$

$$A\left(k, k+n_{yp1}\right) = \alpha_{Sex(i,j)}^{-1}\alpha_{y(i,j)}^{m-1}\alpha_{Smx(i,j)}^{-1}/\Delta x_i/\Delta\overline{x}_i \tag{6.82}$$

$$A\left(k,k\right) = -\Bigg[A\left(k, k+n_{yp1}\right) + A\left(k, k-n_{yp1}\right)$$
$$+ \frac{\left(1+\lambda_j\right)}{\left(1-\lambda_j\right)}A\left(k, k+1\right) + \frac{\left(1-\overline{\lambda}_j\right)}{\left(1+\overline{\lambda}_j\right)}A\left(k, k+n_y-1\right) + \alpha_{ez(i,j)}\Bigg] \tag{6.83}$$

$$b\left(k\right) = J_z|_{i,j} - \left(1-\overline{\lambda}_j\right)\alpha_{x(i,j)}^{m-1}\,M_x|_{i,j}\,/\Delta\overline{y}_j + \left(1+\overline{\lambda}_j\right)\alpha_{x(i,j-1)}^{m-1}\,M_x|_{i,j-1}\,/\Delta\overline{y}_j$$
$$+ \alpha_{Sex(i,j)}^{-1}\alpha_{y(i,j)}^{m-1}\,M_y|_{i,j}\,/\Delta\overline{x}_i - \alpha_{Sex(i,j)}^{-1}\alpha_{y(i-1,j)}^{m-1}\,M_y|_{i-1,j}\,/\Delta\overline{x}_i \tag{6.84}$$

当 $j = n_{yp1}$ 时，

$$A\left(k, k-n_y+1\right) = \left(1-\overline{\lambda}_2\right)\left(1-\lambda_2\right)\alpha_{x(i,2)}^{m-1}/\Delta y_2/\Delta\overline{y}_2 \tag{6.85}$$

$$A\left(k, k-1\right) = \left(1+\overline{\lambda}_j\right)\left(1+\lambda_{j-1}\right)\alpha_{x(i,j-1)}^{m-1}/\Delta y_{j-1}/\Delta\overline{y}_j \tag{6.86}$$

$$A\left(k, k-n_{yp1}\right) = \alpha_{Sex(i,j)}^{-1}\alpha_{y(i-1,j)}^{m-1}\alpha_{Smx(i-1,j)}^{-1}/\Delta x_{i-1}/\Delta\overline{x}_i \tag{6.87}$$

$$A\left(k, k+n_{yp1}\right) = \alpha_{Sex(i,j)}^{-1}\alpha_{y(i,j)}^{m-1}\alpha_{Smx(i,j)}^{-1}/\Delta x_i/\Delta\overline{x}_i \tag{6.88}$$

$$A\left(k,k\right) = -\Bigg[A\left(k, k+n_{yp1}\right) + A\left(k, k-n_{yp1}\right)$$
$$+ \frac{\left(1+\lambda_j\right)}{\left(1-\lambda_j\right)}A\left(k, k-n_y+1\right) + \frac{\left(1-\overline{\lambda}_j\right)}{\left(1+\overline{\lambda}_j\right)}A\left(k, k-1\right) + \alpha_{ez(i,j)}\Bigg] \tag{6.89}$$

$$b\left(k\right) = J_z|_{i,j} - \left(1-\overline{\lambda}_j\right)\alpha_{x(i,j)}^{m-1}\,M_x|_{i,j}\,/\Delta\overline{y}_j + \left(1+\overline{\lambda}_j\right)\alpha_{x(i,j-1)}^{m-1}\,M_x|_{i,j-1}\,/\Delta\overline{y}_j$$
$$+ \alpha_{Sex(i,j)}^{-1}\alpha_{y(i,j)}^{m-1}\,M_y|_{i,j}\,/\Delta\overline{x}_i - \alpha_{Sex(i,j)}^{-1}\alpha_{y(i-1,j)}^{m-1}\,M_y|_{i-1,j}\,/\Delta\overline{x}_i \tag{6.90}$$

因此，只要将以上连接边界条件和周期边界条件的公式嵌入 AH FDTD 方法中的矩阵方程，就可以实现展开系数的求解。当然这种求解也可先进行特征值变换，然后按阶并行求解。

下面通过一个算例进行验证。考虑如图 6.13 的一个光子带隙(photonic bandgap, PBG) 结构 (该结构与文献[160]相同)。其中，无限长有耗介质柱的半径 $r = 2$mm，间距 $d = 9$mm，相对介电常数 $\varepsilon_r = 4.3$。中心频率为 10GHz 的正弦调制高斯脉冲在 TF/SF 边界引入。10 层的 CFS-PML 吸收层截断左右计算区域。整个计算区域的网格大小为 228×36，并采用 $\Delta x = \Delta y = 0.25$mm 的均匀网格，仿真时间为 2.94ns。AH FDTD 方法相关参数选择：基函数阶数 $Q = 258$，平移因子

$T_f = 1.47\text{ns}$，尺度因子 $l = 6.9 \times 10^{-11}$。另外，PML 参数为 $\eta_\xi = 0.003$，$\kappa_{\max} = 1$ 和 $\sigma_{\max} = 1.2\sigma_{\text{opt}}$。

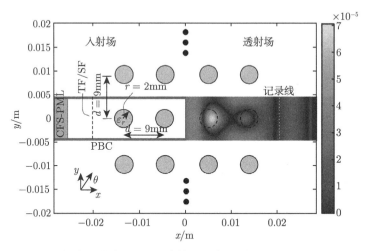

图 6.13　周期光子带隙 (PBG) 结构及垂直入射且 2.0ns 时刻的场分布

当入射角为 $\theta = 0°$ 时，通过 AH FDTD 方法计算得到全区域电场 P_z 的结果。其中，图 6.13 的右半部分展示了在时刻 2.0ns 时的场幅度分布结果。基于时域的计算结果，可多方面研究该 PBG 结构的散射特性。比如，当入射角为 $\theta = 20°$ 时，同样能计算得到场分布结果。如果要计算在此角度时该 PBG 结构的传输特性，可在如 $x = 20\text{mm}$ 的线上进行均值采样，计算结果如图 6.14 所示。该图同样给出了传统分裂场 FDTD 方法和无条件稳定局部一维 (LOD) FDTD 方法的计算结果。从图 6.14(a) 可以看出，三者的计算结果吻合得较好。若以传统分裂场 FDTD 方法计算结果为参考，无条件稳定 LOD FDTD 方法和 AH FDTD 方法与它的相对误差如图 6.14(b) 所示，可以看出 AH FDTD 方法相对误差较小，因此精度更高。图 6.14(c) 为最终计算得到的传输系数结果。为了定量分析误差，引入反射系数的平均误差。其计算公式为 $\text{SE} = \sqrt{\dfrac{\sum{(S - S_{\text{ref}})^2}}{N}}$，其中 S 代表 LOD FDTD 方法或 AH FDTD 方法的传输系数结果，而 S_{ref} 代表传统分裂场 FDTD 方法计算得到的传输系数，N 代表频率点数。在本例中，采用 LOD FDTD 方法和 AH FDTD 方法得到的 SE 值分别为 0.25dB 和 0.036dB。

为更好地表征 AH FDTD 方法的数值计算性能，分析入射角度为 40°、60° 和 80° 时的情况。计算结果如表 6.3 所示，可以看出，随着入射角的增加，传统分裂场 FDTD 方法的计算时间显著增大。这是由于其稳定性条件限制增加，即 $\Delta t \leqslant \dfrac{\Delta y \cos^2\theta}{c\sqrt{1 + \cos^2\theta}}$ [7]。而无条件稳定方法虽然计算时间没有增加，但是数值色散相对还是有些下降。总体来说，AH FDTD 方法无论在计算时间和数值精度上都优于 LOD FDTD 方法。特别是当入射角 $\theta = 80°$ 时，AH FDTD 方法相比传统分裂场 FDTD 方法节省了大约 99% 的计算时间。若要进一步改进计算精度，对于 LOD FDTD 方法来说可以减少时间步长，但换来的是计算时间的加长。

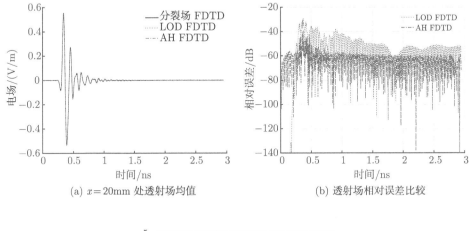

(a) $x = 20\mathrm{mm}$ 处透射场均值   (b) 透射场相对误差比较

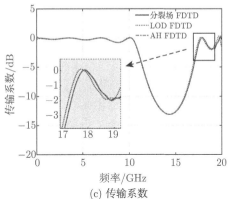

(c) 传输系数

图 6.14 入射角 $\theta = 20°$ 时频域计算结果

表 6.3 传统分裂场 FDTD 方法、LOD FDTD 方法和 AH FDTD 方法计算性能对比

方法	内存/Mbit	CPU 时间/s		
		$\theta = 40°$	$\theta = 60°$	$\theta = 80°$
分裂场 FDTD 方法	13.2	211.6	380.9	2927.8
LOD FDTD 方法	8.3	39.2 (SE=0.31)	39.2 (SE=0.48)	39.2 (SE=0.87)
AH FDTD 方法	28	9.8 (SE=0.067)	9.8 (SE=0.13)	9.8 (SE=0.27)

6.5　柱坐标系中的实现

前文所有关于 AH FDTD 方法的描述都是建立在直角坐标系基础上分析的。实际上, 该方法并不受坐标系的限制, 因为它仅仅在时域进行基函数的展开和伽辽金原理的应用, 而空域场量及其微分的离散形式和传统 FDTD 方法一致。因此, 在其他非直角坐标系也同样适用, 本节仅以柱坐标系下 AH FDTD 方法为例进行分析。柱坐标系下的二维时域麦克斯韦方程为

$$\varepsilon\frac{\partial E_r}{\partial t} = -\frac{\partial H_\varphi}{\partial z} - J_r \tag{6.91}$$

$$\varepsilon\frac{\partial E_z}{\partial t} = \frac{1}{r}H_\varphi + \frac{\partial H_\varphi}{\partial r} - J_z \tag{6.92}$$

$$\mu\frac{\partial H_\varphi}{\partial t} = \frac{\partial E_z}{\partial r} - \frac{\partial E_r}{\partial z} \tag{6.93}$$

运用 AH 微分转移矩阵 α 对式 (6.91)~式 (6.93) 中时域微分项进行变换, 得

$$\varepsilon\alpha E_r + \sigma_e E_r = -\frac{\partial H_\varphi}{\partial z} - J_r \tag{6.94}$$

$$\varepsilon\alpha E_z + \sigma_e E_z = \frac{1}{r}H_\varphi + \frac{\partial H_\varphi}{\partial r} - J_z \tag{6.95}$$

$$\mu\alpha H_\varphi + \sigma_m H_\varphi = \frac{\partial E_z}{\partial r} - \frac{\partial E_r}{\partial z} \tag{6.96}$$

将式 (6.94) 和式 (6.95) 代入式 (6.96) 后, 再离散得到关于磁场的隐式方程为

$$\frac{H_\varphi|_{i,k+1}}{\Delta z^2} + \frac{H_\varphi|_{i,k-1}}{\Delta z^2} + \left[1 + \frac{1}{2\left(i-1/2\right)}\right]\frac{H_\varphi|_{i+1,k}}{\Delta r^2} + \left[1 - \frac{1}{2\left(i-1/2\right)}\right]\frac{H_\varphi|_{i-1,k}}{\Delta r^2}$$

$$-\left[\frac{2}{\Delta z^2} + \frac{2}{\Delta r^2} + \frac{1}{\left(i-1/2\right)^2\Delta r^2} + \left(\mu\alpha+\sigma_m\right)\left(\varepsilon\alpha+\sigma_e\right)\right]H_\varphi|_{i,k}$$

$$= -\frac{J_r|_{i,k+1} - J_r|_{i,k}}{\Delta z} + \frac{J_z|_{i+1,k} - J_z|_{i,k}}{\Delta r} \tag{6.97}$$

柱坐标系下的空间离散网格划分如图 6.15 所示。结合式 (6.97) 和图 6.15 可以看出, 柱坐标系下的磁场方程同直角坐标系下的方程类似, 也为五点方程。式 (6.97) 为中心区域的磁场更新方程, 下面以一阶 Mur 吸收边界为例进行边界公式的推导。

当 i 取最大值, 即 $i = R_{\max} = r_1$ 时, 由一阶 Mur 吸收边界条件可得

$$\left(\frac{\partial}{\partial r} + \frac{1}{2r} + \frac{\partial}{c\partial t}\right)E_Z = 0 \tag{6.98}$$

运用 AH 微分算子 α 对式 (6.98) 进行变换，并离散后得

$$E_z|_{r_1,k} = \cfrac{\cfrac{1}{\Delta r} - \cfrac{1}{2c}\alpha - \cfrac{1}{4\left(r_1 - \cfrac{1}{2}\right)\Delta r}}{\cfrac{1}{2c}\alpha + \cfrac{1}{4\left(r_1 - \cfrac{1}{2}\right)\Delta r} + \cfrac{1}{\Delta r}} E_z|_{r_1-1,k} \qquad (6.99)$$

将式 (6.99) 代入式 (6.94)~式 (6.96)，可以得到当 i 取最大值时，外侧吸收边界为

$$\left\{ (\varepsilon\alpha + \sigma_e)(\mu\alpha + \sigma_m) + \frac{2}{\Delta z^2} - \left[\cfrac{\cfrac{1}{\Delta r} - \cfrac{1}{2c}\alpha - \cfrac{1}{4\left(r_1 - \cfrac{1}{2}\right)\Delta r}}{\cfrac{1}{2c}\alpha\Delta r + \cfrac{1}{4\left(r_1 - \cfrac{1}{2}\right)} + 1} - \cfrac{1}{\Delta r} \right] \right.$$

$$\left. \left[\cfrac{1}{\left(i - \cfrac{1}{2}\right)\Delta r} + \cfrac{1}{\Delta r} \right] \right\} H_\varphi|_{i-1,k} - \left[-\cfrac{\cfrac{1}{\Delta r} - \cfrac{1}{2c}\alpha - \cfrac{1}{4\left(r_1 - \cfrac{1}{2}\right)\Delta r}}{\cfrac{1}{2c}\alpha\Delta r^2 + \cfrac{1}{4\left(r_1 - \cfrac{1}{2}\right)}\Delta r + \Delta r} + \cfrac{1}{\Delta r} \right]$$

$$H_\varphi|_{i-2,k} - \frac{1}{\Delta z^2}H_\varphi|_{i-1,k+1} - \frac{1}{\Delta z^2}H_\varphi|_{i-1,k-1} = 0 \qquad (6.100)$$

同样可以得到上下边界的磁场公式。

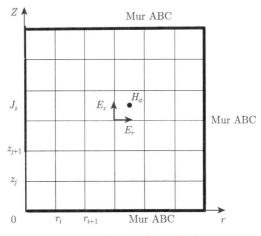

图 6.15 柱坐标系下网格划分

　　而对于中心轴线边界，根据安培环路定理

$$\oint_l H \cdot \mathrm{d}l = \frac{\partial}{\partial t} \iint_S \varepsilon E \cdot \mathrm{d}s \tag{6.101}$$

可得到轴线上场的微分表达式

$$2\pi H_\varphi = \pi r^2 \varepsilon \frac{\partial E_z}{\partial t} \tag{6.102}$$

将其转换到 AH 域并离散得

$$E_z|_{1,k} = \frac{2}{\varepsilon r \alpha} H_\varphi|_{1,k} \tag{6.103}$$

最后，将式 (6.103) 代入磁场公式得到轴线边界磁场方程

$$\left[(\varepsilon\alpha + \sigma_e)(\mu\alpha + \sigma_m) + \frac{2}{\Delta z^2} + \frac{1}{\Delta r^2} + \frac{2(\varepsilon\alpha + \sigma_e)}{\varepsilon r \alpha \Delta r} \right] H_\varphi|_{1,k}$$

$$- \left[\frac{1}{\left(i - \frac{1}{2}\right)\Delta r^2} + \frac{1}{\Delta r^2} \right] H_\varphi|_{2,k} - \frac{1}{\Delta z^2} H_\varphi|_{1,k+1} - \frac{1}{\Delta z^2} H_\varphi|_{1,k-1}$$

$$= -\frac{1}{\Delta z} J_r|_{1,k} - \frac{1}{\Delta r} J_z|_{2,k} + \frac{1}{\Delta z} J_r|_{1,k+1} \tag{6.104}$$

　　综上可知，相比直角坐标系中二维 AH 域下的 TEy 波方程，柱坐标系下的五点方程形式完全一致，只是系数有所不同而已。

　　下面通过一个算例作进一步分析。计算模型为如图 6.16 所示的填充介质的圆柱谐振腔。整个计算区域网格数为 30×30，均匀网格大小为 $\Delta = \Delta r = \Delta z = 0.01\mathrm{m}$。采用正弦调制的高斯脉冲作为激励，并作用于中轴：

$$J_z(0,t) = \exp\left[-\left(\frac{t - T_c}{T_d} \right)^2 \right] \sin\left[2\pi f_c (t - T_c) \right] \tag{6.105}$$

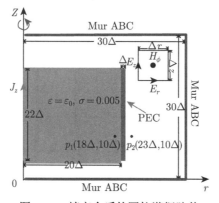

图 6.16　填充介质的圆柱谐振腔体

式中，$T_d = 0.5f_c, T_c = 3T_d, f_c = 1\text{GHz}$。时间步数为 21.2fs，时间长度为 10.6ns，因此对于传统 FDTD 方法的总时间步进数目为 500000。AH FDTD 方法采用的基函数阶数为 80 阶。

上、下及右侧采用 Mur 吸收边界阶段。对两个测量点 p_1 和 p_2 的计算波形如图 6.17 和图 6.18 所示。

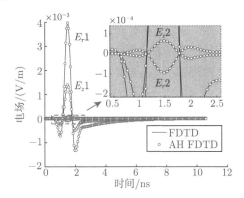

图 6.17 时域计算结果

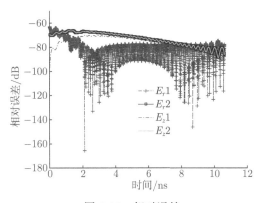

图 6.18 相对误差

从图 6.17 可以看出，AH FDTD 方法计算结果和传统 FDTD 方法计算结果一致。另外从图 6.18 可以看出，它们之间的相对误差为 -60dB 以下。因此，可以说明 AH FDTD 方法的计算精度较高。另外，从表 6.4 可以看出，AH FDTD 方法相比常规 FDTD 方法牺牲了更多的计算内存，但计算效率大大提高。

表 6.4 柱坐标下 AH FDTD 方法计算性能

方法	Δt	内存/Mbit	CPU 时间/s
FDTD 方法	21.2fs	0.89	177.4
AH FDTD 方法	2.12ps	17	1.5

6.6　AH FDTD 方法在其他学科领域的应用

6.6.1　声学领域的 AH FDTD 方法

声波方程有限差分方法因其计算效率高、所需内存小、实现简单，而被广泛应用于地震波的正演研究中，同时是地震逆时偏移成像技术得以快速发展的基础。但是由于受到 CFL 稳定性条件限制，在处理某些精细结构时，空间网格必须划分得非常小，使得时间步长也必须非常小，大大降低了计算效率。这里将无条件稳定的 AH FDTD 方法引入声波方程中[161]，从而大大提高对于含精细结构声波问题的计算效率。

对于二维声波方程[162]

$$
\begin{cases}
\dfrac{\partial^2 u(x,y,t)}{\partial t^2} = v^2 \left(\dfrac{\partial^2 u(x,y,t)}{\partial x^2} + \dfrac{\partial^2 u(x,y,t)}{\partial y^2} \right) + f(x,y,t), \ (x,y) \in \Omega \times [0,T] \\
u(x,y,0) = 0, \ \dfrac{\partial u(x,y,0)}{\partial t} = 0,
\end{cases}
$$

$$(6.106)$$

式中，$\Omega = [1,l_1] \times [1,l_2]$ 为空间区域；T 为时间长度。

将式 (6.106) 中的二阶时间微分算子用 AH 微分转移矩阵的平方替换

$$
\frac{\partial^2}{\partial t^2} \to \alpha^2 \tag{6.107}
$$

其他场量用 AH 域展开系数列向量替换，空间上采用差分离散得到 AH 域方程

$$
v^2 \left(\frac{U|_{i+1,j} + U|_{i-1,j}}{(\Delta x)^2} + \frac{U|_{i,j+1} + U|_{i,j-1}}{(\Delta y)^2} \right) - \left(\alpha^2 + \frac{2v^2}{(\Delta x)^2} I + \frac{2v^2}{(\Delta y)^2} I \right) U|_{i,j} = -F|_{i,j}
$$

$$(6.108)$$

式中，$U|_{i,j}$ 和 $F|_{i,j}$ 分别为 $u(x,y,t)$ 和 $f(x,y,t)$ 的 AH 域展开系数列向量。最后，求解式 (6.108) 可得到结果。

下面以一个数值算例来进一步分析和验证。建立声波在三层介质层的传播模型，中间为薄介质层，厚度 $d = 0.01\text{m}$，如图 6.19 所示。计算区域大小为 60m×90m，并用非均匀网格对其进行剖分。在 x 方向，精细层中空间网格尺寸为 $\Delta x = 0.001\text{m}$，其他介质层中空间网格尺寸为 $\Delta x = 3\text{m}$；而在 y 方向，空间网格尺寸均为 $\Delta y = 3\text{m}$。三层介质层中的声速分别为 3km/s，6km/s 和 4.7km/s。外部激励源的位置为 (27m, 30m)，p_1(36m, 30m) 和 p_2(81m, 30m) 为两个观测点。图 6.20 为两个观测点的波形对比结果。从图 6.20 中可以看出，AH FDTD 方法和传统差分方法的计算结果相吻合。表 6.5 展示了两种方法的计算效率的比较。从表 6.5 可以看出，AH FDTD 方法的计算效率相比传统差分方法有明显的改善。

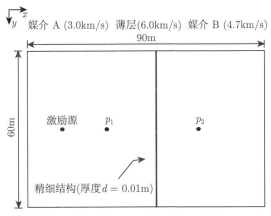

图 6.19 具有精细结构的二维声波传播模型[160]

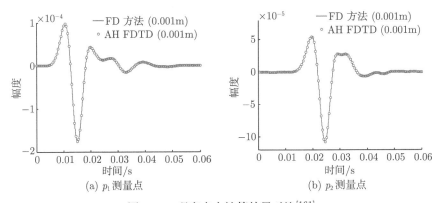

(a) p_1 测量点   (b) p_2 测量点

图 6.20 观察点上计算结果对比[161]

表 6.5 $\Delta x = 0.001\mathrm{m}$ 时计算效率对比[161]

方法	$\Delta t/\mathrm{s}$	CPU 时间/s
FD 方法	1.33×10^{-7}	237.9
AH FDTD 方法	5×10^{-4}	30.9

6.6.2 传热学领域的 AH FDTD 方法

下面简单介绍 AH FDTD 方法在热传导方程中的应用。

考虑二维含有非稳态内热源的热传导方程为[163]

$$\frac{\partial u\left(x,y,t\right)}{\partial t} = a\left(\frac{\partial^2 u\left(x,y,t\right)}{\partial x^2} + \frac{\partial^2 u\left(x,y,t\right)}{\partial y^2}\right) + q\left(x,y,t\right),\ \left(x,y\right) \in \Omega \times \left(0,T\right]$$

$$(6.109)$$

其边界条件为

$$u\left(x, y, 0\right) = u_0\left(x, y\right), \quad \left(x, y\right) \in \Omega \tag{6.110}$$

同时考虑第一类 (Dirichlet) 和第二类 (Neumann) 边界条件

$$\begin{cases} \text{DBC}: u\left(x, y, t\right) = g\left(x, y, t\right), \\ \text{NBC}: \dfrac{\partial u}{\partial x}\Big|_{x=\partial\Omega} = \dfrac{\partial u}{\partial y}\Big|_{y=\partial\Omega} = 0, \end{cases} \quad \left(x, y\right) \in \partial\Omega,\ t \in (0, T] \tag{6.111}$$

将式 (6.109) 中的一阶时间微分算子用 AH 微分转移矩阵替换

$$\frac{\partial}{\partial t} \rightarrow \alpha \tag{6.112}$$

其他场量用 AH 域展开系数列向量替换, 空间上采用差分离散得到 AH 域方程:

$$a\left(\frac{U|_{i+1,j} + U|_{i-1,j}}{\left(\Delta x\right)^2} + \frac{U|_{i,j+1} + U|_{i,j-1}}{\left(\Delta y\right)^2}\right) - \left(\alpha + \frac{2a}{\left(\Delta x\right)^2}I + \frac{2a}{\left(\Delta y\right)^2}I\right)U|_{i,j} = -Q|_{i,j} \tag{6.113}$$

式中, $U|_{i,j}$ 和 $Q|_{i,j}$ 分别为 $u\left(x, y, t\right)$ 和 $q\left(x, y, t\right)$ 的 AH 域展开系数列向量。最后, 求解式 (6.113) 可得到结果。

下面通过两个算例对 AH FDTD 方法在传热学中的应用进行验证和分析。

(1) 在绝热边界条件下, 考虑一个具有解析解的热传导方程以评价该方法的精度。一维热传导方程的表达式为

$$\begin{cases} \dfrac{\partial u\left(x, t\right)}{\partial t} = \dfrac{\partial^2 u\left(x, t\right)}{\partial x^2} + \sin\left(4\pi t\right), \quad 0 < x < 1,\ 0 < t \leqslant 1 \\ u\left(x, 0\right) = 0, \quad \dfrac{\partial u}{\partial x}\Big|_{x=0} = \dfrac{\partial u}{\partial x}\Big|_{x=1} = 0, \end{cases} \tag{6.114}$$

可根据分离变量法求得该问题的解析解为

$$u\left(x, y, t\right) = \frac{1 - \cos\left(4\pi t\right)}{4\pi} \tag{6.115}$$

选取基函数阶数为 100, 尺度因子 $l = 0.1$, 平移因子为 0.1s, 仿真时间为 1s, 将源项进行展开, 得到 AH FDTD 方法计算的数值解和精确解的比较结果, 如图 6.21 所示。可以看出, 两者吻合程度非常高。

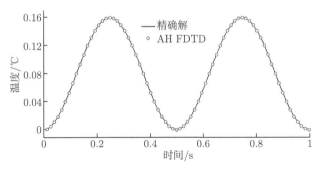

图 6.21 一维问题中温度场分布情况

为了比较误差, 选取不同的空间步长, 将 AH FDTD 方法和传统有限差分法 (FD) 得到的数值结果与解析解对比, 得到平均误差和范数误差 (L^2 范数和 L^∞ 范数) 等, 如表 6.6 所示。

表 6.6 误差和计算资源消耗比较

方法 (Δx)	$\Delta t/$s	平均误差	L^2 误差	L^∞ 误差	CPU 时间/s
FD(0.05m)	1.25×10^{-3}	3.9739×10^{-4}	0.0125	6.2664×10^{-4}	0.0312
AH FDTD(0.05m)	1.25×10^{-3}	5.6489×10^{-6}	2.2208×10^{-4}	4.4144×10^{-5}	0.2808
FD(0.01m)	5×10^{-5}	1.5915×10^{-5}	2.5×10^{-5}	2.5003×10^{-5}	1.6848
AH FDTD(0.01m)	5×10^{-5}	4.5107×10^{-6}	1.0032×10^{-3}	4.5315×10^{-5}	0.96721

由表 6.6 可得, 本节方法在所选空间步长上的计算精度要大于传统有限差分法, 特别是在空间步长较大时仍能够得到更为精确的结果。

(2) 在第一类边界条件下, 考虑一个计算区域含有精细结构的传热问题, 将传统有限差分法、经典的 P-R ADI 方法[164] 和本书提出的方法进行对比分析, 以进一步评价该方法的效率和精度。计算区域如图 6.22 所示。在计算区域中, 精细结构宽度为 0.01m, 三种介质的热参数 a 分别为 0.1, 0.9 和 0.4。为保证计算精度与速度, 计算区域内采用不均匀空间网格, 划分精细结构的网格大小为 0.001m×0.04m, 其他区域为 0.04m×0.04m。源项的表达式为

$$Q\left(t\right) = 100 \cdot \left\{ \exp\left[-\left(\frac{t-0.3}{0.05} \right)^2 \right] \exp\left[-\left(\frac{t-0.6}{0.15} \right)^2 \right] \right\} \tag{6.116}$$

计算时长为 1.6s, 传统显式差分格式时间步长受收敛性条件限制, 选取 $\Delta t = 5.55 \times 10^{-7}$s, 在无条件稳定的 P-R ADI 方法和本书方法中, 选取 $\Delta t = 0.002$s。

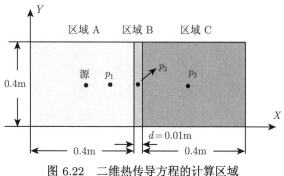

图 6.22　二维热传导方程的计算区域

图 6.23 表示传统 FD 方法和本书方法数值求解过程中，观测点 p_1 和 p_2 的数值变化情况。可以看出，两种方法得到的曲线重合度较高。

图 6.24 表示观测点 p_3 在三种方法下的数值模拟结果，三种方法得到的数值解基本吻合。为了更加直观地比较 P-R ADI 方法和本书方法的精度，对图 6.24 所示局部区域放大 8 倍进行观察。可以看出，基于 P-R ADI 方法的数值曲线已偏离传统 FD 方法和本书方法的数值解曲线。这是由于时间步长的增加，导致 P-R ADI 方法精度不高。

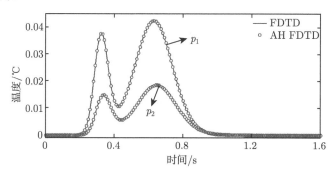

图 6.23　p_1 和 p_2 温度场比较结果

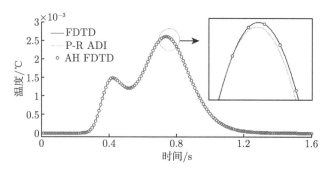

图 6.24　p_3 观测点在不同方法下数值解比较

在表 6.7 中, 本书方法计算时间相对于传统 FD 方法和 P-R ADI 方法大幅度减少, 约为 FD 方法的 0.52%。由于该问题的精确解几乎无法求出, 认为显式差分格式得到的数值解更加接近于解析解。从表 6.7 可以看出, 本书方法所产生的误差要比 P-R ADI 方法低 3~4 个数量级, 表现了精度方面的优势。相对于其他高阶 ADI 方法在精度方面比二阶 P-R ADI 方法高, 但在效率方面却略有下降的情况, 本书提出的方法能够在精度和效率方面同时超越经典 P-R ADI 方法。表 6.7 给出了不同方法计算效率以及在 p_3 点的平均误差和范数误差比较。

表 6.7　计算误差和效率比较

方法	$\Delta t/s$	CPU 时间/s	平均误差	L^2 误差	L^∞ 误差
FD	5.5521×10^{-7}	547.3295	0	0	0
P-R ADI	0.002	4.056	1.1276×10^{-4}	5.8×10^{-3}	6.5396×10^{-4}
AH FDTD	0.002	2.8548	1.270310^{-7}	4.8605×10^{-6}	6.8065×10^{-7}

6.7　其他正交基函数无条件稳定 FDTD 方法

本节介绍 Legendre、Chebyshev 和 Hermite Rodriguez(HR)正交多项式与 FDTD 结合的三种无条件稳定新方法。在此基础上, 总结得到以 AH FDTD 方法为代表的按阶并行求解和加权 Laguerre FDTD 方法为代表的按阶步求解的两类正交无条件稳定方法的一般规律。

6.7.1　Legendre FDTD

Legendre 多项式在 $[-1, 1]$ 内正交, 并且满足以下迭代关系[165]:

$$L_{q+1}(t) = \frac{2q+1}{q+1} t L_q(t) - \frac{q}{q+1} L_{q-1}(t), \quad q \geqslant 1 \tag{6.117}$$

式中, $L_0(t) = 0$, $L_1(t) = t$。为便于对因果信号进行分析, 可通过平移和尺度因子调节基函数, 使其满足所需的支撑区间。如在区间 $[0, 1]$ 内, 可令

$$P_q(t) = \sqrt{\frac{2q+1}{2}} L_q(2t-1), \quad t \in [0, 1] \tag{6.118}$$

式中, $P_q(t)$ 满足规范正交性, 即

$$\int_0^1 P_q(t) P_n(t) \, \mathrm{d}t = \begin{cases} 0, & n \neq q \\ 1, & n = q \end{cases} \tag{6.119}$$

因此, 对于在区间 $[0, 1]$ 内的信号 $u(t)$, 可通过 LD 基函数 $\{P_q(t)\}$ 展开

$$u(t) = \sum_{q=0}^{\infty} u_q P_q(t) \tag{6.120}$$

式中, $u_q = \displaystyle\int_0^1 u(t)P_q(t)\,\mathrm{d}t$。前几阶的 $P_q(t)$ 基函数如图 6.25 所示。

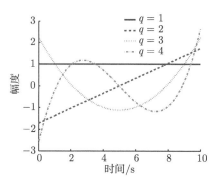

图 6.25　前几阶的 Legendre 基函数

LD 基函数微分关系式为

$$P_q(t) = \frac{1}{2\sqrt{(2q+3)(2q+1)}}P_{q+1}^{(1)}(t) - \frac{1}{2\sqrt{(2q+1)(2q-1)}}P_{q-1}^{(1)}(t) \tag{6.121}$$

根据微分关系式, 若 $u(t)$ 的微分展开为

$$u^{(1)}(t) = \sum_{q=0}^{\infty} u_q^{(1)}P_q(t) \tag{6.122}$$

则将式 (6.121) 代入式 (6.122) 得

$$
\begin{aligned}
u^{(1)}(t) &= \sum_{q=0}^{\infty} u_q^{(1)}\left[\frac{1}{2\sqrt{(2q+3)(2q+1)}}P_{q+1}^{(1)}(t) - \frac{1}{2\sqrt{(2q+1)(2q-1)}}P_{q-1}^{(1)}(t)\right] \\
&= \sum_{q=0}^{\infty} u_{q-1}^{(1)}\frac{P_q^{(1)}(t)}{2\sqrt{(2q+1)(2q-1)}} - \sum_{q=0}^{\infty} u_{q+1}^{(1)}\frac{P_q^{(1)}(t)}{2\sqrt{(2q+3)(2q+1)}} \\
&= \left\{\sum_{q=0}^{\infty}\left[u_{q-1}^{(1)}\frac{1}{2\sqrt{(2q+1)(2q-1)}} - u_{q+1}^{(1)}\frac{1}{2\sqrt{(2q+3)(2q+1)}}\right]P_q(t)\right\}^{(1)}
\end{aligned}
\tag{6.123}
$$

比较式 (6.123) 和式 (6.120), 可得

$$u_q = u_{q-1}^{(1)}\frac{1}{2\sqrt{(2q+1)(2q-1)}} - u_{q+1}^{(1)}\frac{1}{2\sqrt{(2q+3)(2q+1)}} \tag{6.124}$$

因此, 信号 $u(t)$ 及其微分 $u^{(1)}(t)$ 的 LD 域展开系数列向量之间的关系为

$$U = \alpha_L U^{(1)} \tag{6.125}$$

式中, α_L 可看成 LD 积分转移矩阵

$$
\alpha_L = \frac{1}{2}
\begin{bmatrix}
& -1/\sqrt{1 \cdot 3} & & & \\
1/\sqrt{1 \cdot 3} & & -1/\sqrt{3 \cdot 5} & & \\
& 1/\sqrt{3 \cdot 5} & & \ddots & \\
& & \ddots & & -1/\sqrt{(2Q-3)(2Q-1)} \\
& & & 1/\sqrt{(2Q-3)(2Q-1)} &
\end{bmatrix}_{Q \times Q}
\tag{6.126}
$$

若实际的问题需要将 LD 基函数从区间 $[0, 1]$ 拓展到任意区间 $[0, T_f]$ 来分析, 则可设尺度因子 $l = T_f$ 来满足。因此, 相应的 LD 积分转移矩阵修改为 $\alpha_{L(l)} = l\alpha_L$。

由于 α_L 可逆, 式 (6.125) 可写成

$$
U^{(1)} = \alpha_L^{-1} U \tag{6.127}
$$

因此, 式 (6.127) 中的 α_L^{-1} 可以看成 LD 微分转移矩阵。同样地, 当引入尺度因子 l 后, LD 微分转移矩阵为 $\alpha_{L(l)}^{-1} = \dfrac{\alpha_L^{-1}}{l}$。所以只要将 LD 微分矩阵替换为 AH 域微分转移矩阵, 基于 LD 正交基函数的 FDTD 方法 ——LD FDTD, 包括并行求解的 AH FDTD 方法、交替方向高效计算等都可轻松实现。程序的实现也只需要做简单替换性的修改。因此, 这里不再详细推导。

图 6.26 为均匀平面波穿透某无限大有耗介质板时的仿真结果, 包括了 AH FDTD 方法和 LD FDTD 方法计算得到的电场波形及它们相对于传统 FDTD 方法的相对误差。可以看出, 两者的时域波形都能和 FDTD 方法的结果相吻合, 相对误差也基本一致, 仅仅在初始部分有差别。因此, 总体来说, 当两者基函数阶数相同、参数选取合理时, 精度基本一致, 计算效率也相同。

表 6.8 给出了 LD FDTD 方法和 AH FDTD 方法相关性质的比较。可以看出, 两者可以理解为 "对偶" 系统, 因为 AH 微分矩阵是 AH FDTD 方法的基本结构单元, 而 LD 积分矩阵是 LD FDTD 方法的基本结构单元。这给我们一个启示, 是不是任意正交基函数都能构造微分或者积分转移矩阵, 然后按照 AH FDTD 方法轻松实现按阶并行求解呢? 答案是否定的。如接下来介绍的 Laguerre FDTD 方法就不能按阶并行求解。但是也不可否认, 也许还存在其他更多的能实现 AH FDTD 方法类似的按阶并行求解的基函数, 如果有的话, 可以统一称这些方法为 ——AH 系列无条件稳定 FDTD 方法。事实上, 接下来介绍的 Chebyshev 多项式也属于这种。

表 6.8　LD FDTD 方法和 AH FDTD 方法对比

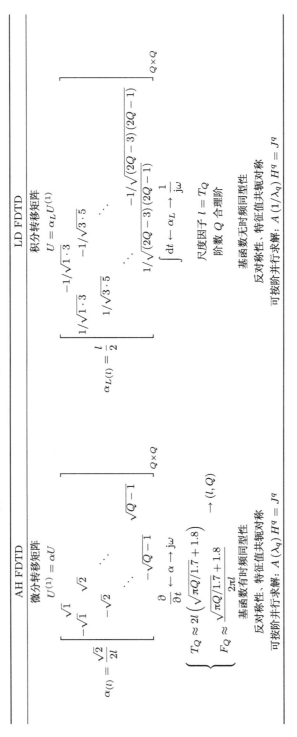

AH FDTD	LD FDTD

AH FDTD

微分转移矩阵
$$U^{(1)} = \alpha U$$

$$\alpha_{(l)} = \frac{\sqrt{2}}{2l}\begin{bmatrix} & \sqrt{1} & & & \\ -\sqrt{1} & & \sqrt{2} & & \\ & -\sqrt{2} & \ddots & \ddots & \\ & & \ddots & & \sqrt{Q-1} \\ & & & -\sqrt{Q-1} & \end{bmatrix}_{Q\times Q}$$

$$\frac{\partial}{\partial t} \leftarrow \alpha \rightarrow j\omega$$

$$\begin{cases} T_Q \approx 2l\left(\sqrt{\pi Q/1.7 + 1.8}\right) \\ F_Q \approx \dfrac{\sqrt{\pi Q/1.7 + 1.8}}{2\pi l} \end{cases} \rightarrow (l, Q)$$

基函数有时频同型性

反对称性, 特征值共轭对称: $A(\lambda_q)\, H^q = J^q$

可按阶并行求解: $A(\lambda_q)\, H^q = J^q$

LD FDTD

积分转移矩阵
$$U = \alpha_L U^{(1)}$$

$$\alpha_{L(l)} = \frac{l}{2}\begin{bmatrix} & 1/\sqrt{1\cdot3} & & & \\ 1/\sqrt{1\cdot3} & & -1/\sqrt{3\cdot5} & & \\ & 1/\sqrt{3\cdot5} & \ddots & \ddots & \\ & & \ddots & & -1/\sqrt{(2Q-3)(2Q-1)} \\ & & 1/\sqrt{(2Q-3)(2Q-1)} & \end{bmatrix}_{Q\times Q}$$

$$\int dt \leftarrow \alpha_L \rightarrow \frac{1}{j\omega}$$

尺度因子 $l = T_Q$

阶数 Q 合理阶

基函数无时频同型性

反对称性, 特征值共轭对称: $A(1/\lambda_q)\, H^q = J^q$

可按阶并行求解: $A(1/\lambda_q)\, H^q = J^q$

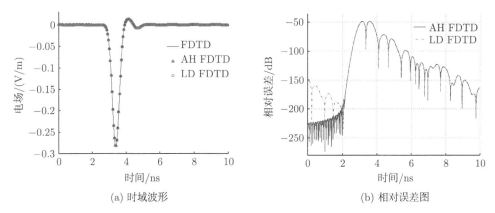

(a) 时域波形　　　　　　　　　　　(b) 相对误差图

图 6.26 AH FDTD 方法和 LD FDTD 方法的计算结果比较

6.7.2 Chebyshev FDTD

Chebyshev(CS) 多项式在 $[-1, 1]$ 内正交，并且满足以下迭代关系：

$$T_{q+1}(t) = 2tT_q(t) - T_{q-1}(t), \quad q \geqslant 1 \tag{6.128}$$

式中，$T_0(t) = 1$，$T_1(t) = \text{flag}^*t$。flag $= 1$ 时为第一类 CS 多项式，flag $= 2$ 时为第二类 CS 多项式。两类多项式之间有相互推导关系。下面结果主要以第一类进行分析，第二类可以类比得到。$T_q(t)$ 满足正交性

$$\int_{-1}^{1} T_q(t) T_n(t) \frac{1}{\sqrt{1-t^2}} \mathrm{d}t = \begin{cases} 0, & n \neq q \\ \pi/2, & n = q \neq 0 \\ \pi, & n = q = 0 \end{cases} \tag{6.129}$$

为便于对因果信号进行分析，可以通过平移和尺度因子调节基函数，使其满足所需的支撑区间。如在区间 $[0, T_f]$ 内，可令

$$P_q(t) = T_q\left(\frac{2t}{T_f} - 1\right), \quad t \in [0, T_f] \tag{6.130}$$

式中，$P_q(t)$ 满足正交性，即

$$\frac{T_f}{2} \int_0^{T_f} P_q(t) P_n(t) \frac{1}{\sqrt{1 - \left[\frac{(t+1)T_f}{2}\right]^2}} \mathrm{d}t = \begin{cases} 0, & n \neq q \\ \pi/2, & n = q \neq 0 \\ \pi, & n = q = 0 \end{cases} \tag{6.131}$$

因此，对于在区间 $[0, T_f]$ 内的信号 $u(t)$，可以通过 CS 基函数 $\{P_q(t)\}$ 展开

$$u(t) = \sum_{q=0}^{\infty} u_q P_q(t) \tag{6.132}$$

式中，$u_q = \dfrac{T_f}{\pi c_q} \displaystyle\int_0^{T_f} \dfrac{u(t) P_q(t)}{\sqrt{1 - \left[\dfrac{(t+1)T_f}{2}\right]^2}} \mathrm{d}t$，$c_q = \begin{cases} 1, & q > 0 \\ 2, & q = 0 \end{cases}$。前几阶的 $P_q(t)$ 基

函数如图 6.27(a) 和图 6.27(b) 所示。

下面讨论 CS 多项式的微分关系与等效微分矩阵 (含零初值条件)。

由于微分关系满足[111]

$$T_q(t) = \frac{1}{2(q+1)} T_{q+1}^{(1)}(t) - \frac{1}{2(q-1)} T_{q-1}^{(1)}(t), \quad q \geqslant 1 \tag{6.133}$$

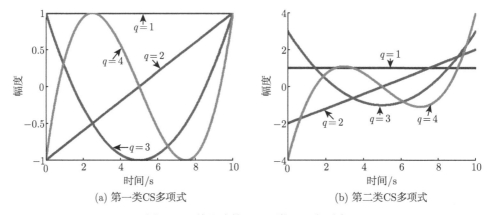

(a) 第一类CS多项式　　　　　　　　　　(b) 第二类CS多项式

图 6.27　前几阶第一、二类 CS 多项式

因此，结合式 (6.130)，可得

$$P_q(t) = \frac{T_f}{2} \left[\frac{1}{2(q+1)} P_{q+1}^{(1)}(t) - \frac{1}{2(q-1)} P_{q-1}^{(1)}(t) \right], \quad q \geqslant 1 \tag{6.134}$$

若某信号 $u(t)$ 的一阶微分函数 $u^{(1)}(t)$ 可以展开为

$$u^{(1)}(t) = u_0^{(1)} + \sum_{q=1}^{\infty} u_q^{(1)} P_q(t) \tag{6.135}$$

则将式 (6.134) 代入式 (6.122) 可得

$$
\begin{aligned}
u^{(1)}(t) &= u_0^{(1)} + \sum_{q=1}^{\infty} u_q^{(1)} P_q(t) \\
&= u_0^{(1)} + \frac{T_f}{2} \sum_{q=1}^{\infty} u_q^{(1)} \left[\frac{1}{2(q+1)} P_{q+1}^{(1)}(t) - \frac{1}{2(q-1)} P_{q-1}^{(1)}(t) \right] \\
&= u_0^{(1)} + \frac{T_f}{2} \sum_{q=2}^{\infty} u_{q-1}^{(1)} \frac{P_{(q)}^{(1)}(t)}{2q} - \frac{T_f}{2} \sum_{q=1}^{\infty} u_{q+1}^{(1)} \frac{P_{(q)}^{(1)}(t)}{2q} \\
&= \frac{T_f}{2} \sum_{q=1}^{\infty} c_{q-1} \frac{u_{q-1}^{(1)}}{2q} P_q^{(1)}(t) - \frac{T_f}{2} \sum_{q=1}^{\infty} \frac{u_{q+1}^{(1)}}{2q} P_q^{(1)}(t) \\
&= \left[x T_0(t) + \sum_{q=1}^{\infty} \frac{T_f}{2} \left(c_{q-1} \frac{u_{q-1}^{(1)}}{2q} - \frac{u_{q+1}^{(1)}}{2q} \right) P_q(t) \right]^{(1)}
\end{aligned} \tag{6.136}
$$

进而得到

$$
u_q = \frac{T_f}{2} \left(c_{q-1} \frac{u_{q-1}^{(1)}}{2q} - \frac{u_{q+1}^{(1)}}{2q} \right), \quad q \geqslant 1 \tag{6.137}
$$

考虑初值条件为 0, 则有

$$
u(0) = \sum_{q=0}^{\infty} u_q P_q(0) \tag{6.138}
$$

$$
u_0 = -\sum_{q=1}^{\infty} \frac{T_f}{2} \left(c_{q-1} u_{q-1}^{(1)} \frac{1}{2q} - u_{q+1}^{(1)} \frac{1}{2q} \right) P_q(0) \tag{6.139}
$$

由于, $P_q(0) = (-1)^q$, 因此

$$
\begin{aligned}
u_0 &= -\frac{T_f}{2} \sum_{q=1}^{\infty} \left(c_{q-1} u_{q-1}^{(1)} \frac{1}{2q} - u_{q+1}^{(1)} \frac{1}{2q} \right) (-1)^q \\
&= -\frac{T_f}{2} \sum_{q=0}^{\infty} \left[c_q u_q^{(1)} \frac{1}{2(q+1)} \right] (-1)^{q+1} + \frac{T_f}{2} \sum_{q=2}^{\infty} \left[u_q^{(1)} \frac{1}{2(q-1)} \right] (-1)^{q-1} \\
&= \frac{T_f}{2} \left[u_0^{(1)} - \frac{1}{4} u_1^{(1)} + \frac{1}{2} \sum_{q=2}^{\infty} \left(\frac{1}{q-1} - \frac{1}{q+1} \right) (-1)^{q+1} u_q^{(1)} \right]
\end{aligned} \tag{6.140}
$$

综上, 比较式 (6.123) 和式 (6.120), 可得

$$
u_q = \begin{cases}
\dfrac{T_f}{2} \dfrac{c_{q-1} u_{q-1}^{(1)} - u_{q+1}^{(1)}}{2q}, & q \geqslant 1 \\[4mm]
\dfrac{T_f}{2} \left[u_0^{(1)} - \dfrac{1}{4} u_1^{(1)} + \dfrac{1}{2} \sum_{q=2}^{\infty} (-1)^{q+1} \left(\dfrac{1}{q-1} - \dfrac{1}{q+1} \right) u_q^{(1)} \right], & q = 0
\end{cases} \tag{6.141}
$$

同理，对第二类 CS 多项式有

$$u_0 = -\sum_{q=1}^{\infty} \frac{T_f}{2} \left[\frac{u_{q-1}^{(1)}}{2q} - \frac{u_{q+1}^{(1)}}{2(q+2)} \right] (-1)^q (q+1)$$

$$= -\frac{T_f}{2} \sum_{q=0}^{\infty} (-1)^{q+1} \frac{q+2}{2(q+1)} u_q^{(1)} + \frac{T_f}{2} \sum_{q=2}^{\infty} (-1)^{q-1} \frac{q}{2(q+1)} u_q^{(1)}$$

$$= \frac{T_f}{2} \left(u_0^{(1)} - \frac{3}{4} u_1^{(1)} - \sum_{q=2}^{\infty} (-1)^{q+1} \frac{1}{q+1} u_q^{(1)} \right) \tag{6.142}$$

因此，可以得到

$$u_q = \begin{cases} \dfrac{T_f}{2} \left(\dfrac{u_{q-1}^{(1)}}{2q} - \dfrac{u_{q+1}^{(1)}}{2q+4} \right), & q \geqslant 1 \\ \dfrac{T_f}{2} \left[u_0^{(1)} - \dfrac{1}{4} u_1^{(1)} + \dfrac{1}{2} \sum_{q=2}^{\infty} (-1)^{q+1} \left(\dfrac{1}{q-1} - \dfrac{1}{q+1} \right) u_q^{(1)} \right], & q = 0 \end{cases} \tag{6.143}$$

因此，信号 $u(t)$ 及其微分 $u^{(1)}(t)$ 的正交域展开系数列向量之间的关系为

$$U = \alpha^{(-1)} U^{(1)} \tag{6.144}$$

式中，$\alpha^{(-1)}$ 可看成积分转移矩阵，矩阵形式如图 6.28 所示。

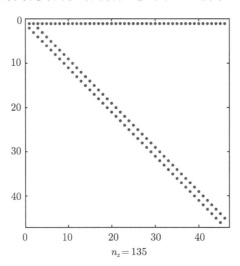

图 6.28　CS 积分矩阵非零元素分布示意图

所以只要将正交域积分矩阵求逆后 (即 $\alpha^{(-1)}$) 替换为 AH 域微分转移矩阵 α，就可以实现新的 CS FDTD 算法。进而，按阶并行求解的 AH FDTD 算法、交替方向高效计算等也可以轻松推广和实现。

6.7.3 Laguerre FDTD

Laguerre FDTD 方法[66] 是 Sarkar 等于 2003 年提出的新的无条件稳定的 FDTD 方法，是第一个正交基函数展开的无条件稳定方法，也是在 2014 年 AH FDTD 方法提出来之前的唯一一个正交基函数展开的无条件稳定方法。正是由于它独特的按阶步进求解的策略使得多年以来没有其他基函数像它一样展开求解。其按阶求解的矩阵方程可以统一为

$$AW^q = V^{q-1} + J^q \tag{6.145}$$

式中，$W^q = [E^q, H^q]^T$；$V^{q-1} = \{W^{q-1}\}$。另外，该方法在数值色散和计算效率方面要优于其他无条件稳定方法，因此得到了较多的关注和深入的研究。关于它的研究和发展不再详述。

本书提出的 AH FDTD 方法实际上是在 Laguerre FDTD 方法的启发下提出来的，为了突破不能按阶步进求解的难题，采取按阶并行求解计算方案解决了这一难题，且最终形成了一套比较完整的无条件稳定的新方法体系。两种方法的异同之处主要有：

(1) 两者都通过基函数展开时域麦克斯韦方程，运用伽辽金原理得到展开系数的代数方程，然后通过求解展开系数，最终得到时域或者频域的结果，从而实现无条件稳定的 FDTD 方法。

(2) 两者基函数性质的不同使得最终展开系数求解的策略不一样。Laguerre FDTD 方法最终得到按阶步进求解的矩阵方程，而 AH FDTD 方法最终得到按阶并行求解的矩阵方程。

(3) AH FDTD 方法不能采取按阶步进求解的策略，相反，其按阶并行求解的策略也不能运用在 Laguerre FDTD 方法中。因为按阶并行求解是基于可逆微分矩阵单元 α "替换" 时域麦克斯韦方程中的时间微分 $\dfrac{\partial}{\partial t}$ 或频域方程中的 $j\omega$ 项，即 $\dfrac{\partial}{\partial t} \to j\omega \to \alpha$，从而实现麦克斯方程在 AH 代数域的无条件稳定求解。可以发现，Laguerre 基函数的微分矩阵不可逆，而在 AH 最终的代数方程中需要求逆矩阵，因此，它也不能采取按阶求解的策略。基函数微分矩阵可不可逆也是今后判断一个基函数能否成为 AH 系列 FDTD 方法家族成员的前提。目前，已经发现 Legendre 正交基函数能实现按阶并行求解，同时也发现有另外一个新的基函数能实现按阶并行求解，下一节将具体介绍。

(4) 两者有各自不同的优点。Laguerre FDTD 按阶步进求解的系数矩阵是固定不变的，因此只需进行一次 LU 分解运算，这是其最大的优点，另外基函数本身为因果信号，如图 6.29 所示，计算时不需要进行平移处理。而 AH FDTD 方法采取了 "时频桥" 的思想，使最终方法采取 "替换式" 的推导方式即可实现，且特别方

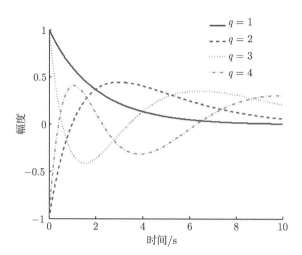

图 6.29　前几阶加权 Laguerre 正交基函数

便处理频率相关问题是它的一大亮点。此外，由于 AH 基函数 "最具时频紧支基函数" 的特点，使其可以选择较少的阶数实现与其他基函数展开方法相同精度的计算；其 "时频基同型" 的特点，使求解出的展开系数可以像 AH 域反变换求解时域结果一样直接求解频域结果，不再需要借助 FFT 等频域求解方法。

6.7.4　Hermite Rodriguez FDTD

6.7.3 小节中介绍的加权 Laguerre 基函数一直以来是唯一能实现按阶步进求解的正交基函数，并获得广泛应用。在探索各类正交基优良性能的过程中，本小节介绍使用另外一个基函数 ——Hermite Rodriguez(HR) 基函数来实现按阶步进的无条件稳定求解，并讨论分析其实施过程中尚待解决的问题。

HR 基函数和 AH 基函数为姊妹基函数，因为它们都是基于 Hermite 多项式和加权函数 e^{-t^2} 相结合构成的[107]，如图 6.30 所示。

HR 基函数定义为

$$\phi_q\left(t\right)=\frac{1}{l\sqrt{2^q\pi q!}}\exp\left[-\left(\frac{t-T_f}{l}\right)^2\right]H_q\left(\frac{t-T_f}{l}\right) \tag{6.146}$$

式中，l 和 T_f 分别为尺度和平移因子；H_q 为第 q 阶的 Hermite 多项式。前几阶的 HR 基函数如图 6.30 所示。

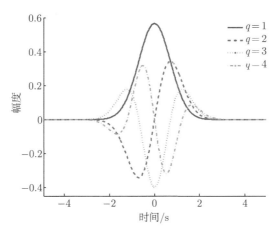

图 6.30 前几阶的 Hermite Rodriguez 基函数

若某个场分量 $u(r,t)$ 可由 HR 基函数展开

$$u(r,t) = \sum_{q=0}^{\infty} U^q(r)\phi_q(t) \tag{6.147}$$

则式中的展开系数 $U^q(r)$ 可由下式重构[107]：

$$U^q(r) = \frac{1}{\sqrt{2^q q!}} \int_{-\infty}^{+\infty} u(r,t)H_q\left(\frac{t}{l}\right) \mathrm{d}t \tag{6.148}$$

另外，根据 HR 基函数微分的性质[107]，场量对时间 t 的微分 $\dfrac{\partial u(r,t)}{\partial t}$ 可由 HR 基函数展开表示为

$$\frac{\partial u(r,t)}{\partial t} = \sum_{q=1}^{\infty} \frac{\sqrt{2q}}{-l} U^{q-1}(r)\phi_q(t) \tag{6.149}$$

以二维 TEz 波在有耗介质中传播为例：

$$\varepsilon\frac{\partial E_x(r,t)}{\partial t} + \sigma_e E_x(r,t) = \frac{\partial H_z(r,t)}{\partial y} - J_x(r,t) \tag{6.150}$$

$$\varepsilon\frac{\partial E_y(r,t)}{\partial t} + \sigma_e E_y(r,t) = -\frac{\partial H_z(r,t)}{\partial x} - J_y(r,t) \tag{6.151}$$

$$\mu\frac{\partial H_z(r,t)}{\partial t} + \sigma_m H_z(r,t) = \frac{\partial E_x(r,t)}{\partial y} - \frac{\partial E_y(r,t)}{\partial x} - M_z(r,t) \tag{6.152}$$

式中，$\varepsilon, \mu, \sigma_e$ 和 σ_m 分别为介电常数、磁导率、电导率和磁损耗；$E_\xi(r,t)$ 和 $J_\xi(r,t)(\xi = x,y)$ 分别为电场分量和电流源项；而 $H_z(r,t)$ 和 $M_z(r,t)$ 分别为磁

场分量和磁流源项。通过 HR 基函数展开各项，即将式 (6.147) 和式 (6.149) 运用到式 (6.150)~式 (6.152) 中，可得

$$\varepsilon \sum_{q=1}^{\infty} E_x^{q-1}(r) \frac{\sqrt{2q}}{-l} \phi_q(t) + \sigma_e \sum_{q=0}^{\infty} E_x^q(r) \phi_q(t) = \sum_{q=0}^{\infty} \frac{\partial H_z^q(r)}{\partial y} \phi_q(t) - \sum_{q=0}^{\infty} J_x^q(r) \phi_q(t)$$

$$(6.153)$$

$$\varepsilon \sum_{q=1}^{\infty} E_y^{q-1}(r) \frac{\sqrt{2q}}{-l} \phi_q(t) + \sigma_e \sum_{q=0}^{\infty} E_y^q(r) \phi_q(t) = -\sum_{q=0}^{\infty} \frac{\partial H_z^q(r)}{\partial x} \phi_q(t) - \sum_{q=0}^{\infty} J_y^q(r) \phi_q(t)$$

$$(6.154)$$

$$\mu \sum_{q=1}^{\infty} H_z^{q-1}(r) \frac{\sqrt{2q}}{-l} \phi_q(t) + \sigma_m \sum_{q=1}^{\infty} H_z^q(r) \phi_q(t)$$

$$= \sum_{q=0}^{\infty} \frac{\partial E_x^q(r)}{\partial y} \phi_q(t) - \sum_{q=0}^{\infty} \frac{\partial E_y^q(r)}{\partial x} \phi_q(t) - \sum_{q=0}^{\infty} M_z^q \phi_q(t) \qquad (6.155)$$

再运用伽辽金原理消除时间变量 t 得

$$\varepsilon \frac{\sqrt{2q}}{-l} E_x^{q-1}(r) + \sigma_e E_x^q(r) = \frac{\partial H_z^q(r)}{\partial y} - J_x^q(r) \qquad (6.156)$$

$$\varepsilon \frac{\sqrt{2q}}{-l} E_y^{q-1}(r) + \sigma_e E_y^q(r) = -\frac{\partial H_z^q(r)}{\partial x} - J_y^q(r) \qquad (6.157)$$

$$\mu \frac{\sqrt{2q}}{-l} H_z^{q-1}(x) + \sigma_m H_z^q(r) = \frac{\partial E_x^q(r)}{\partial y} - \frac{\partial E_y^q(r)}{\partial x} - M_z^q(r) \qquad (6.158)$$

式中，$E_\xi^q(r), H_z^q(\xi), J_\xi^q(r)$ 和 $M_z^q(r)$ 依次为 $E_\xi(r,t), H_z(r,t), J_\xi(r,t)$ 和 $M_z(r,t)$ 的第 q 阶 HR 展开系数。与传统 FDTD 方法类似，采取中心差分的格式来近似空域上的微分，则式 (6.156)~式 (6.158) 可离散为

$$\sigma_e E_x|_{i,j}^q = -\alpha_\varepsilon^q E_x|_{i,j}^{q-1} + \left(H_z|_{i,j+1/2}^q - H_z|_{i,j-1/2}^q \right) / \Delta y - J_x|_{i,j}^q \qquad (6.159)$$

$$\sigma_e E_y|_{i,j}^q = -\alpha_\varepsilon^q E_y|_{i,j}^{q-1} - \left(H_z|_{i+1/2,j}^q - H_z|_{i-1/2,j}^q \right) / \Delta x - J_y|_{i,j}^q \qquad (6.160)$$

$$\left(E_x|_{i,j+1}^q - E_x|_{i,j}^q \right) / \Delta y - \left(E_y|_{i+1,j}^q - E_y|_{i,j}^q \right) / \Delta x - \sigma_m H_z^q(r)$$

$$= \alpha_\mu^q H_z|_{i+1/2,j}^{q-1} + M_z|_{i+1/2,j}^q \qquad (6.161)$$

式中，$\alpha_\varepsilon^q = \varepsilon \frac{\sqrt{2q}}{-l}$；$\alpha_\mu^q = \mu \frac{\sqrt{2q}}{-l}$；$\Delta x$ 和 Δy 为空间网格尺寸大小。将式 (6.159) 和

式 (6.160) 代入式 (6.161) 可得关于磁场的隐式方程:

$$
\frac{H_z|^q_{i+3/2,j+1/2}}{\Delta^2 x} + \frac{H_z|^q_{i-1/2,j+1/2}}{\Delta^2 x} + \frac{H_z|^q_{i+1/2,j+3/2}}{\Delta^2 y} + \frac{H_z|^q_{i+1/2,j-1/2}}{\Delta^2 y}
$$

$$
- \left(\frac{2}{\Delta^2 x} + \frac{2}{\Delta^2 y} + \sigma_e \sigma_m \right) H_z|^q_{i+1/2,j+1/2}
$$

$$
= \sigma_e \alpha^q_{\mu(i+1/2,j+1/2)} H_z|^{q-1}_{i+1/2,j+1/2} + \sigma_e \, M_z|^q_{i+1/2,j+1/2}
$$

$$
- \frac{\alpha^q_{\varepsilon(i+1,j)} E_y|^{q-1}_{i+1,j} - \alpha^q_{\varepsilon(i,j)} E_y|^{q-1}_{i,j}}{\Delta x} + \frac{\alpha^q_{\varepsilon(i,j+1)} E_x|^{q-1}_{i,j+1} - \alpha^q_{\varepsilon(i,j)} E_x|^{q-1}_{i,j}}{\Delta y}
$$

$$
+ \frac{J_x|^q_{i,j+1} - J_x|^q_{i,j}}{\Delta y} - \frac{J_y|^q_{i+1,j} - J_y|^q_{i,j}}{\Delta x} \tag{6.162}
$$

最后, 引入吸收边界后能得到以下按阶步进求解的方程

$$
AH^q = B \left\{ E^{q-1}, H^{q-1}, S^q \right\} \tag{6.163}
$$

式中, A 为系数矩阵; $B\{\cdot\}$ 为已知量的组合表示, 包括前一阶求解出来的电磁场展开系数和源项 $S^q = (J^q, M^q)$。而每一阶的电场展开系数由式 (6.159) 和式 (6.160) 获得, 也可以把这两个式子写成以下形式:

$$
E^q = C \left\{ E^{q-1}, H^q, J^q \right\} \tag{6.164}
$$

式中, $C\{\cdot\}$ 由前一阶的电场展开系数和当前阶的磁场和源项展开系数确定。通过交替地执行式 (6.163) 和式 (6.164), 也就能按阶步进式地求解得到所有展开系数。最后, 时域结果可由式 (6.147) 重构得到。

下面通过一个算例对 HR FDTD 方法进行验证和分析。考虑 TEz 模式下二维无限长磁流源的辐射场分布。整个计算区域大小为 30cm × 30cm, 剖分为 60×60 个均匀网格, 媒介参数为 $\varepsilon = 11.8\varepsilon_0, \mu = \mu_0, \sigma_e = 10\mathrm{S/m}$ 和 $\sigma_m = 1 \times 10^4 \Omega/\mathrm{m}$。选取最高频为 $f_c = 0.03\mathrm{GHz}$ 的高斯脉冲作为激励源 M_z:

$$
M_z(t) = \exp\left[-\left(\frac{t - t_c}{t_d} \right)^2 \right] \sin\left[2\pi f_c (t - t_c) \right] \tag{6.165}
$$

式中, $t_d = \dfrac{1}{2f_c}, t_c = 4t_d$。整个仿真计算时间为 $T_n = 160\mathrm{ns}$。依据文献[121]的建议, 尺度因子 l 可选为整个信号支撑区间的 30%～50%。在这个算例中选取 $l = 0.4T_n$, 尺度因子为 $t_f = 0.5T_n$, 基函数的阶数为 150 阶。

图 6.31 为不同方法在观察点 (8cm, 4cm) 计算得到的电场分量 E_x 和 E_y 的结果。从图 6.31 中可见, HR FDTD 方法和传统 FDTD 方法计算得到的结果相当吻

合，这也可从相对误差图看出来。相对误差是以传统 FDTD 方法计算结果作为参考得到的。为进一步证明方法的正确性，图 6.32 给出了当频率为 $f = f_c$ 时电场幅度沿 x 轴方向分布及全区域的分布结果。图 6.32 中的 d 代表观察点到源的距离，λ 为频率为 $f = f_c$ 时对应的波长。表 6.9 为计算资源的比较，可以发现，HR FDTD 方法相对于传统 FDTD 方法计算效率大大提高，从 91.8s 减少到 4.5s，但消耗了较多内存。总的来说，HR FDTD 采取了按阶步进求解的计算方法，但该方法的按阶步进迭代在某些情况下并不收敛，今后将着重研究解决这个问题。

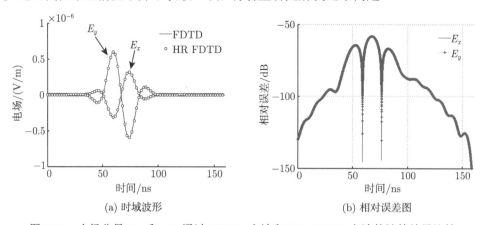

(a) 时域波形　　　　　　　　　　　　　　　(b) 相对误差图

图 6.31　电场分量 E_x 和 E_y 通过 FDTD 方法和 HR FDTD 方法的计算结果比较

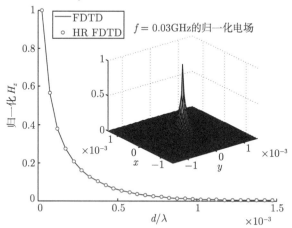

图 6.32　磁场分量沿 x 方向的归一化幅度及 $f = 0.03\text{GHz}$ 时全区域幅度分布

表 6.9　HR FDTD 方法和传统 FDTD 方法计算资源比较

方法	Δt/ps	内存/Mbit	CPU 时间/s
FDTD 方法	1	1.8	91.8
HR FDTD 方法	100	12.3	4.5

6.8 本 章 小 结

本章首先依据 AH FDTD 方法在处理频域问题中的优势，着重研究了电磁波在色散介质透射、阻抗网络边界条件 (INBC s) 处理、频域色散传输线等方面的问题，实现了算法在周期结构中的应用，通过 AH FDTD 方法在柱坐标系中的实现证明该方法能拓展到一般的坐标系中。其次将 AH FDTD 方法成功运用到了其他学科和领域，包括声学和传热学领域。最后通过 LD/CS FDTD 方法的实现说明 AH FDTD 方法能衍生出更多的基函数和 FDTD 相结合的方法，实现按阶并行求解的正交无条件稳定算法，进而可以衍生出 AH 系列无条件稳定 FDTD 方法的概念。另外，通过 HR FDTD 的推导，证明了加权 Laguerre 多项式并不是唯一能实现按阶求解无条件稳定 FDTD 方法的基函数。

参 考 文 献

[1] 周海京, 刘阳, 李瀚宇, 等. 计算电磁学及其在复杂电磁环境数值模拟中的应用和发展趋势. 计算物理, 2014, 31(4): 379–389.

[2] 王秉中. 计算电磁学. 北京: 科学出版社, 2002.

[3] 盛新庆. 计算电磁学要论. 北京: 科学出版社, 2004.

[4] 王长清. 现代计算电磁学基础. 北京: 北京大学出版社, 2005.

[5] Jin J M. The Finite Element Method in Electromagnetics. New Jersey: Wiley, 2002.

[6] Harrington R. Field Computation by Moment Methods. London: Macmillan, 1968.

[7] Taflove A, Hagness S C. Computational Electrodynamics: The Finite-Difference Time-Domain Method. Boston, MA: Artech House, 2000.

[8] Cangellaris A, Lin C C, Mei K. Point-matched time domain finite element methods for electromagnetic radiation and scattering. IEEE Trans. Antennas Propagat., 1987, 35(10): 1160–1173.

[9] Shankar V, Mohammadian A H, Hall W F. A time-domain, finite-volume treatment for the Maxwell equations. Electromagnetics, 1990, 10(1): 127–145.

[10] Krumpholz M, Katechi L P B. MRTD: new time-domain schemes based on multiresolution analysis. IEEE Transaction on Microwave Theory and Techniques, 1996, 44(4): 555–571.

[11] Manara G, Monorchio A, Reggiannini R. A space-time discretization criterion for a stable time-marching solution of the electric field integral equation. IEEE Trans. Antennas Propagat., 1997, 45(3): 527–532.

[12] Lu T, Zhang P, Cai W. Discontinuous Galerkin methods for dispersive and lossy Maxwell's equations and PML boundary conditions. Journal of Computational Physics, 2004, 200(2): 549–580.

[13] Lee J H, Chen J, liu Q H. A 3-D discontinuous spectral Element time-domain method for Maxwell's equations. IEEE Trans. Antennas Propagat., 2009, 57(9): 2666–2674.

[14] 庞艳红, 黄志祥, 吴先良. 抛物线方程在计算三维电大目标电磁散射中的应用. 合肥工业大学学报: 自然科学版, 2007, 30(2): 237–239.

[15] 王秋华. 电磁传播及散射的时域抛物线方程方法分析. 南京: 南京理工大学, 2017.

[16] 黄志祥, 沙威, 吴先良. 电磁计算中的辛算法理论及应用. 北京: 科学出版社, 2014.

[17] Taflove A, Hagness S C. Finite-Difference Time-Domain Solution of Maxwell's Equations. Wiley Encyclopedia of Electrical and Electronics Engineering, 2016.

[18] Taflove A, Oskooi A, Johnson S G. Advances in FDTD Computational Electrody-
      namics: Photonics and Nanotechnology. Boston, MA: Artech House, 2013.

[19] Sullivan D M. Electromagnetic Simulation Using thc FDTD Mcthod. 2 cdn. IEEE
      Press, 2013.

[20] 葛德彪, 闫玉波. 电磁波时域有限差分方法. 3 版. 西安: 西安电子科技大学出版社, 2011.

[21] Mur G. Absorbing boundary conditions for the finite-difference approximation of the
      time-domain electromagnetic-field equations. IEEE Trans. Electromagn. Compat.,
      1981, 23(4): 377–382.

[22] Berenger J P. A perfectly matched layer for the absorption of electromagnetic waves.
      J. Computat. Phys., 1994, 114(2): 185–200.

[23] Chen B, Fang D G, Zhou B H. Modified Berenger PML absorbing boundary condition
      for FD-TD meshes. IEEE Microw. Guid. Wave Lett., 1995, 5(11): 399–401.

[24] Fang J Y, Wu Z H. Generalized perfectly matched layer-an extension of Berenger's
      perfectly matched layer boundary condition. IEEE Microw. Guid. Wave Lett., 1995,
      5(12): 451–453.

[25] Sacks Z S, Kingsland D M, Lee R, et al. A perfectly matched anisotropic absorber
      for use as an absorbing boundary condition. IEEE Trans. Antennas Propagat., 1995,
      43(12): 1460–1463.

[26] Kuzuoglu M, Mittra R. Frequency dependence of the constitutive parameters of causal
      perfectly matched anisotropic absorbers. IEEE Microwave Guided Wave Lett., 1996,
      6: 447–449.

[27] Roden J A, Gedney S D. Convolution PML (CPML): an efficient FDTD implementa-
      tion of the CFS-PML for arbitrary media. Microwave and Optical Technology Letters,
      2000, 27: 334–339.

[28] Holland R. THREDS: A finite-difference time-domain EMP code in 3d spherical co-
      ordinates. IEEE Trans. Nucl. Sci., 1983, 30(6): 4592–4595.

[29] Holland R. Finite-difference solution of Maxwell's equations in generalized nonorthog-
      onal coordinates. IEEE Trans. Nucl. Sci., 1983, 30(6): 4589–4591.

[30] Mei K K, Cangellaris A, Angelakos D J. Conformal time domain finite difference
      method. Radio Science, 2012, 19(5): 1145–1147.

[31] Taflove A, Umashankar K R, Beker B, et al. Detailed FD-TD analysis of electromag-
      netic fields penetrating narrow slots and lapped joints in thick conducting screens.
      IEEE Trans. Antennas Propagat., 1988, 36(2): 247–257.

[32] Kunz K, Simpson L. A technique for increasing the resolution of finite-difference
      solutions of the Maxwell equation. IEEE Trans. Electromagn. Compat., 1981, 23(4):
      419–422.

[33] Monorchio A, Mittra R. Time-domain (FE/FDTD) technique for solving complex electromagnetic problems. IEEE Microw. Guid. Wave Lett., 1998, 8(2): 93–95.

[34] Zhao A P, Raisanen A V, Cvetkovic S R. A fast and efficient FDTD algorithm for the analysis of planar microstrip discontinuities by using a simple source excitation scheme. IEEE Microw. Guid. Wave Lett., 1995, 5(10): 341–343.

[35] Wang S, Teixeira F L. An equivalent electric field source for wideband FDTD simulations of waveguide discontinuities. IEEE Microw. Wireless Compon. Lett., 2003, 13(1): 27–29.

[36] Luebbers R J, Kunz K S, Schneider M, et al. A finite-difference time-domain near zone to far zone transformation (electromagnetic scattering). IEEE Trans. Antennas Propagat., 1991, 39(4): 429–433.

[37] Li M, Luo X, Drewniak J L. FDTD modeling of lumped ferrites. IEEE Trans. Electromagn. Compat., 2000, 42(2): 142–151.

[38] Holland R. Finite-Difference Solution of Maxwell's Equations in Generalized Nonorthogonal Coordinates. IEEE Trans. Nucl. Sci., 2007, 30(6): 4589–4591.

[39] Gandhi O P, Gao B Q, Chen J Y. A frequency-dependent finite-difference time-domain formulation for general dispersive media. IEEE Trans. Microwave Theory Techn., 1993, 41(4): 658–665.

[40] Kondylis G D, Flaviis F D, Pottie G J, et al. A memory-efficient formulation of the finite-difference time-domain method for the solution of Maxwell equations. IEEE Trans. Microwave Theory Techn., 2001, 49(7): 1310–1320.

[41] 余同彬. 时域有限差分法及 HEMP 耦合研究. 南京: 解放军理工大学, 2003.

[42] 俞文华. 并行时域有限差分. 北京: 中国传媒大学出版社, 2005.

[43] Shi Y, Tian C Y, Liang C H. Discontinuous Galerkin time-domain method based on marching-on-in-degree scheme. Antennas Wirel. Propag. Lett., 2017, 16(99): 250–253.

[44] 杨谦, 魏兵, 李林茜, 等. 时域非连续伽辽金法在谐振腔中的应用. 电波科学学报, 2016, 31(4): 707–712.

[45] Garcia S G, Pantoja M F, de Jong van Coevorden C M, et al. A new hybrid DGTD/FDTD method in 2-D. IEEE Microw. Wireless Compon. Lett., 2008, 18(12): 764–766.

[46] Li P, Jiang L J, Bagci H. A resistive boundary condition enhanced DGTD scheme for the transient analysis of graphene. IEEE Trans. Antennas Propagat., 2015, 63(7): 3065–3076.

[47] Tian C Y, Shi Y, Liu Z Q, et al. A laguerre-based time-domain discontinuous Galerkin finite element-boundary integral method. Microw. Opt. Technol. Lett., 2016, 58(11): 2774–2780.

[48] Stannigel K, König M, Niegemann J, et al. Discontinuous Galerkin time-domain computations of metallic nanostructures. Optics Express, 2009, 17(17): 14934–14947.

[49] Namiki T. A new FDTD algorithm based on alternating-direction implicit method. IEEE Transactions on Microwave Theory and Techniques, 1999, 47(10): 2003–2007.

[50] Zheng F, Chen Z, Zhang J.Toward the development of a three-dimensional unconditionally stable finite-difference time-domain method, IEEE Trans. on Microwave Theory and Techniques, 2000, 48(9): 1550–1558.

[51] Sun G, Trueman C W. Unconditionally stable Crank-Nicolson scheme for solving the two-dimensional Maxwell's equations. Electron. Lett., 2003, 39(7): 595–597.

[52] Chen J, Wang Z, Chen Y C. High-order alternative direction implicit method. Electron. Lett., 2002, 28(22): 1321–1322.

[53] Fu W M, Tan E L. A parameter optimized ADI-FDTD method based on the (2, 4) stencil. IEEE Trans. Antennas Propag., 2006, 54(6): 1836–1842.

[54] Wang S M, Teixeira F L. An efficient PML implementation for the ADI-FDTD method. IEEE Microw. Wireless Compon. Letters, 2003, 13(2): 72–74.

[55] Namiki T. 3-D ADI-FDTD method-unconditionally stable time-domain algorithm for solving full vector Maxwell's equations. IEEE Transactions on Microwave Theory and Techniques, 2000, 48(10): 1743–1748.

[56] Rao H L, Scarmozzino R, Osgood R M. An improved ADI-FDTD method and its application to photonic simulations. IEEE Photonics Technology Letters, 2002, 14(4): 477–479.

[57] Mao Y F, Chen B, Xia J L, et al. Application of the leapfrog ADI FDTD method to periodic structures. IEEE Antennas Wireless Propag. Letters, 2013, 12(1): 599–602.

[58] Yang S C, Chen Z, Yu Y, et al. An unconditionally stable one-step arbitrary-order leapfrog ADI-FDTD method and its numerical properties. IEEE Trans. Antennas Propag., 2012, 60(4): 1995–2003.

[59] Kong K B, Shin Y S, Park S O,et al. The simplest V-cycle fast adaptive composite grid ADI-FDTD method for two-dimensional electromagnetic simulations. IEEE Antennas Wireless Propag. Letters, 2008, 7: 451–455.

[60] Chai M, Xiao T, Liu Q H. Conformal method to eliminate the ADI-FDTD staircasing errors. IEEE Trans. Electromagn. Compat., 2006, 48(2): 273–281.

[61] Garcia S G, Lee T W, Hagness S C. On the accuracy of the ADI-FDTD method. IEEE Antennas Wireless Propag. Letters, 2002, 1(1): 31–34.

[62] Wang S, Teixeira F, Chen J. An iterative ADI-FDTD with reduced splitting error. IEEE Microw. Wireless Compon. Letters, 2005, 15(2): 92–94.

[63] He Q, Gan H, Jiao D. Explicit time-domain finite-element method stabilized for an arbitrarily large time step. IEEE Trans. Antennas Propagat., 2012, 60(11): 5240–

5250.

[64] Gaffar M, Jiao D. An explicit and unconditionally stable FDTD method for the analysis of general 3-D lossy problems. IEEE Trans. Antennas Propagat., 2015, 63(9): 4003–4015.

[65] Gaffar M, Jiao D. Alternative method for making explicit FDTD unconditionally stable. IEEE Trans. Microwave Theory Techn., 2015, 63(12): 4215–4224.

[66] Chung Y S, Sarkar T K, Jung B H, et al. An unconditionally stable scheme for the finite-difference time-domain method. IEEE Trans. Microw. Theory Tech., 2003, 51(3): 697–704.

[67] Shao W, Wang B Z, Liu X F. Second-order absorbing boundary conditionsfor marching-on-in-order scheme. IEEE Microw. Wireless Compon. Letters, 2006, 16(5): 308–310.

[68] Ding P P, Wang G, Lin H, et al. Unconditionally stable FDTD formulation with UPML-ABC. IEEE Microw. Wireless Compon. Letters, 2006, 16(4): 161–163.

[69] Yi Y, Chen B, Chen H L, et al. TF/SF boundary and PML–ABC for anunconditionally stable FDTD method. IEEE Microw. Wireless Compon. Letters, 2007, 17(2): 91–93.

[70] Mirzavand R, Abdipour A, Moradi G, et al. CFS-PML implementation for the unconditionally stable FDLTD method. Journal of Electromagnetic Waves and Applications, 2011, 25(5-6): 879–888.

[71] Srinivasan K, Swaminathan M, Engin E. Overcoming limitation of Laguerre-FDTD forfast time-domain EM simulation. IEEE MTT-S International Microwave Symposium, 2007, 891–894.

[72] Srinivasan K, Yadav P, Engin E, et al. Choosing the right number of basis functions in multiscale transient simulation using Laguerre polynomials. IEEE MTT-S International Microwave Symposium, 2007: 291–294.

[73] Chen W J, Shao W, Li J L, et al. Numerical dispersion analysis and key parameter selection in Laguerre-FDTD method. IEEE Microw. Wireless Compon. Letters, 2013, 23(12): 629–631.

[74] Yi Y, Chen B, Sheng W X, et al. A memory-efficient formulation of the unconditionally stable FDTD method for solving Maxwell's equations. IEEE Trans. Antenna Propag., 2007, 55(12): 3729–3733.

[75] Shao W, Wang B Z, Huang T Z. A memory-reduced 2-D order-marching time-domain method for waveguide studies. Journal of Electromagnetic Waves and Applications, 2008, 22(17-18): 2523–2531.

[76] Duan Y T, Chen B, Yi Y, et al. Extension of a memory-efficient formulation for the unconditionally stable WLP-FDTD method. IEEE Microw. Wireless Compon.

Letters, 2008, 18(11): 725–727.

[77] Duan Y T, Chen B, Yi Y. Efficient implementation for the unconditionally stable 2-D WLP-FDTD method. IEEE Microw. Wireless Compon. Letters, 2009. 19 (11)· 677–679.

[78] Duan Y T, Chen B, Chen H L, et al. PML absorbing boundary condition for efficient 2-D WLP-FDTD method. IEEE Antennas Wireless Propag. Letters, 2011, 10: 846–849.

[79] Duan Y T, Chen B, Fang D G, et al. Efficient implementation for 3-D laguerre-based finite-difference time-domain method. IEEE Trans. Microw. Theory Tech., 2011, 59(1): 56–64.

[80] Duan Y T, Chen B, Chen H L, et al. Anisotropic-medium PML for efficient Laguerre-based FDTD method. Electron. Lett., 2010, 46(5): 318–319.

[81] Chen Z, Duan Y T, Zhang Y R, et al. A new efficient algorithm for the unconditionally stable 2-D WLP-FDTD method. IEEE Trans. Antennas Propag., 2013, 61(7): 3712–3720.

[82] Chen Z, Duan Y T, Zhang Y R, et al. A new efficient algorithm for 3-D Laguerre-based finite-difference time-domain method. IEEE Trans. Antennas Propag., 2014, 62(4): 2158–2164.

[83] Zhang B, Yi Y, Duan Y T, et al. Efficient 3-D Laguerre-based FDTD method using a new temporal basis. IEEE Trans. Antennas Propag., 2016, 64(5): 2027–2032.

[84] Chen W J, Shao W, Wang B Z. ADE-Laguerre-FDTD method for wave propagation in general dispersive materials. IEEE Microw. Wireless Compon. Letters, 2013, 23(5): 228–230.

[85] Chen W J, Shao W, Chen H, et al. Nearly PML for ADE-WLP-FDTD modeling in two-dimensional dispersive media. IEEE Microw. Wireless Compon. Letters, 2014, 24(2): 75–77.

[86] Ha M, Swaminathan M. A Laguerre-FDTD formulation for frequency-dependent dispersive materials. IEEE Microw. Wireless Compon. Letters, 2011, 21(5): 225–227.

[87] Jung B H, Mei Z, Sarkar T K. Transient wave propagation in a general dispersive media using the Laguerre functions in a marching-on-in-degree (MOD) methodology. Progress in Electromagnetics Research-Pier, 2011, 118(3): 135–149.

[88] Jung B H, Mei Z, Sarkar T K, et al. Analysis of transient wave propagation in an arbitrary frequency-dispersive media using the associated Laguerre functions in the FDTD-MOD method. Microwave and Optical Technology Letters, 2012, 54(4): 925–930.

[89] Cai Z Y, Chen B, Yin Q, et al. The WLP-FDTD method for periodic structures with oblique incident wave. IEEE Trans. Antennas Propag., 2011, 59(10): 3780–3785.

[90] Cai Z Y, Chen B, Liu K, et al. The CFS-PML for periodic Laguerre-based FDTD method. IEEE Microw. Wireless Compon. Letters, 2012, 22(4): 164–166.

[91] Sandeep S, Gasiewski A. Transient analysis of dispersive, periodic structures for oblique plane wave incidence using Laguerre marching-on-in-degree (MoD). IEEE Trans. Antennas Propag., 2013, 61(8): 4132–4138.

[92] Chen H L, Chen B, Duan Y T, et al. Unconditionally stable Laguerre-based BOR-FDTD scheme for scattering from bodies of revolution. Microwave and Optical Technology Letters, 2007, 49(8): 1897–1900.

[93] Chen H L, Chen B, Yi Y. Efficient implementation of plane wave excitation in the Laguerre-based BOR-FDTD method. IEEE Trans. Antennas Propag., 2009, 57(3): 821–825.

[94] Chen H L, Chen B, Shi L H. PML implementation for Laguerre based BOR-FDTD method. Electron. Lett., 2008, 44(15): 896–898.

[95] Ha M, Srinivasan K, Swaminathan M. Transient chip-package cosimulation of multiscale structures using the Laguerre-FDTD scheme. IEEE Transactions on Advanced Packaging, 2009, 32(4): 816–830.

[96] Srinivasan K, Yadav P, Engin A E, et al. Fast EM/Circuit transient simulation using Laguerre equivalent circuit (SLeEC). IEEE Trans. Electromagn. Compat., 2009, 51(3): 756–762.

[97] Yang L G, McNamara D A, Meng X J. An envelope finite-element time-domain method using weighted Laguerre polynomials as temporal expansion functions. Microwave and Optical Technology Letters, 2006, 48(3): 495–497.

[98] Jung B H, Chung Y S, Yuan M T, et al. Analysis of transient scattering from conductors using Laguerre polynomials as temporal basis functions. Applied Computational Electromagnetics Society Journal, 2004, 19(2): 84–92.

[99] Alighanbari A, Sarris C D. An unconditionally stable Laguerre-based S-MRTD time-domain scheme. IEEE Antennas Wireless Propag. Lett., 2006, 5(1): 69–72.

[100] Shao W, Wang B Z, Li H. Modeling curved surfaces using locally conformal order-marching time-domain method. International Journal of Infrared and Millimeter Waves, 2007, 28(11): 1033–1038.

[101] Chen W J, Shao W, Li J L, et al. A two-dimensional nonorthogonal WLP-FDTD method for eigenvalue problems. IEEE Microw. Wireless Compon. Letters, 2013, 23(10): 515–517.

[102] Chen X, Chen Z, Yu Y, et al. An unconditionally stable radial point interpolation meshless method with Laguerre polynomials. IEEE Trans. Antennas Propag., 2011. 59(10): 3756–3763.

[103] Yi M, Ha M, Qian Z. Skin-effect-incorporated transient simulation using the Laguerre-

FDTD scheme. IEEE Trans. Microw. Theory Tech., 2013, 61(12): 4029–4039.

[104] Chen Z, Luo S. Generalization of the finite-difference-based time-domain methods using the method of moments. IEEE Trans. Antennas Propag., 2006, 54(9): 2515–2524.

[105] Shao W, Wang B Z, Yu Z J. Space-domain finite-difference and time-domain moment method for electromagnetic simulation. IEEE Trans. Electromagn. Compat., 2006. 48(1): 10–18.

[106] Ha M. EM simulation using the Laguerre-FDTD scheme for multiscale 3-D interconnections. [Dissertation], Georgia Institute of Technology, 2011.

[107] Lo Conte L R, Merletti R, Sandri G V. Hermite expansions of compact support waveforms: applications to myoelectric signals. IEEE Trans. Biomed. Eng., 1994, 41(12): 1147–1159.

[108] Huang Z Y, Shi L H, Zhou Y H, et al. A new unconditionally stable scheme for FDTD method using Associated Hermite orthogonal functions. IEEE Trans. Antennas Propagat., 2014, 62(9): 4804–4809.

[109] Huang Z Y, Shi L H, Zhou Y H, et al. An improved paralleling-in-order solving scheme for AH-FDTD method using eigenvalue transformation. IEEE Trans. Antennas Propagat., 2015, 63(5): 2135–2140.

[110] Huang Z Y, Shi L H, Chen B, et al. Associated Hermite FDTD applied in frequency dependent dispersive materials. IEEE Microw. Wireless Compon. Lett., 2015, 25(2): 73–75.

[111] Huang Z Y, Shi L H, Si Q, et al. Unconditionally stable Associated Hermite FDTD with plane wave incidence. IEEE Antennas Wireless Propag. Lett., 2015, 15(99): 938–941.

[112] Huang Z Y, Shi L H, Zhou Y H, et al. UPML-ABC and TF/SF boundary for unconditionally stable AH FDTD method in conductive media. Electron. Lett., 2015, 51(21): 1654 –1656.

[113] Zhou Y H, Huang Z Y, Shi L H. Analysis of frequency-dependent field-to-transmission line coupling with Associated Hermite method. Int. J. Appl. Electrom., 2015, 49(4): 443–451.

[114] 黄正宇, 石立华, 周颖慧, 等. 正交基函数展开的无条件稳定时域有限差分方法发展. 环境技术, 2015: 116–120.

[115] Alp Y K, Arikan O. Time-frequency analysis of signals using support adaptive Hermite-Gaussian expansions. Digital Signal Processing, 2012, 22(6): 1010–1023.

[116] Rao M M, Sarkar T K. Extrapolation of electromagnetic responses from conducting objects in time and frequency domains. IEEE Trans. Microw. Theory Tech., 1999, 47(10): 1964–1974.

[117] Saboktakin S, Kordi B. Time-domain distortion analysis of wideband electromagnetic-field sensors using Hermite-Gauss orthogonal functions. IEEE Trans. Electromagn. Compat., 2012, 54(3): 511–521.

[118] Huang Z Y, Shi L H, Zhou Y H. A new marching-on-in-order unconditionally stable FDTD method based on orthogonal basis. 7th Asia-Pacific Environmental Electromagnetics Conference, 2015: 173–175.

[119] Askey R, Wimp J. Associated Laguerre and Hermite polynomials. Proc. Roy. Soc. Edinburgh Sect. 1984, 96(1-2): 15–37.

[120] Lo Lonte L R, Merletti R, Sandri G V. Hermite expansions of compact support waveforms: Applications to myoelectric signals. IEEE Trans. Biomed. Eng., 1994, 41(12): 1147–1159.

[121] Mengtao Y, De A, Sarkar T K. Conditions for generation of stable and accurate hybrid TD-FD MoM solutions. IEEE Trans. Microw. Theory Tech., 2006, 54(6): 2552–2563.

[122] 彭启琮, 邵怀宗, 李明奇. 信号分析导论. 北京: 高等教育出版社, 2010.

[123] Paardekooper M H C. An eigenvalue algorithm for skew-symmetric matrices. Numer. Math., 1971, 17(3): 189–202.

[124] Dattoli G, Migliorati M. The truncated exponential polynomials, the associated Hermite forms and applications. International Journal of Mathematics & Mathematical Sciences 2006, 2006, 2: 595–605.

[125] Gustavsen B, Semlyen A. Rational approximation of frequency domain responses by vector fitting. IEEE Trans. Power Del., 1999, 14(3): 1052–1061.

[126] (美) 戈卢布 G H, 范罗恩 C F. 矩阵计算. 袁亚湘等译. 北京: 科学出版社, 2001.

[127] Maloney J G, Smith G S. Modeling of antennas//Advances in Computational Electrodynamics: The Finite-Difference Time-Domain Method, Taflove A. (ed.), Chap. 7, Norwood, MA: Artech House, 1998.

[128] Mackenzie M R, Tieu A K. Hermite neural network correlation and application. IEEE Trans. on Signal Processing, 2003, 51(12): 3210–3219.

[129] Moore T G, Blaschak J G, Taflove A, et al. Theory and application of radiation boundary operators. IEEE Trans. Antennas Propag., 1988, 36(12): 1797–1812.

[130] Young D M. Iterative solution of large linear systems. New York: Academic Press, 1971.

[131] Dong Q. Matlab-based finite difference frequency domain modeling and its inversion for subsurface sensing, [Dissertation], Boston, Massachusetts: Northeastern University, 2008.

[132] Brewer J W. Kronecker products and matrix calculus in system theory. IEEE Trans. Circuits Syst., 1978, 25(9): 772–781.

[133] Timothy A D. Algorithm 832: UMFPACK V4.3—An Unsymmetric-Pattern Multi-frontal Method. ACM Transactions on Mathematical Software, 2004, 30(2): 196–199.

[134] Saad Y, Schultz M H. GMRES: A generalized minimal residual algorithm for solving nonsymmetric linear systems. SIAM Journal on Scientific and Statistical Computing, 1986, 7(3): 856–869.

[135] Freund R W, Nachtigal N M. QMR: A quasi-minimal residual method for non-Hermitian linear systems. SIAM Journal: Numer. Math., 1991, 60(1): 315–339.

[136] Sarto M S. A new model for the FDTD analysis of the shielding performances of thin composite structures. IEEE Trans. Electromagn. Compat., 1999, 41(4): 298–306.

[137] Feliziani M, Maradei F. Fast computation of quasi-static magnetic fields around non-perfectly conductive shield. IEEE Trans. Magn., 1998, 34(5): 2795–2798.

[138] Feliziani M, Maradei F, Tribellini G. Field analysis of penetrable conductive shields by the finite-difference time-domain method with impedance network boundary conditions (INBCs). IEEE Trans. Electromagn. Compat., 1999, 41(4): 307–319.

[139] Feliziani M. Finite-difference time-domain modeling of thin shields. IEEE Trans. Magnet., 2000, 36(4): 848–851.

[140] Buccella C, Feliziani M, Maradei F, et al. Magnetic field computation in a physically large domain with thin metallic shields. IEEE Trans. Magn., 2005, 41(5): 1708–1711.

[141] Feliziani M. Subcell FDTD modeling of field penetration through lossy shields. IEEE Trans. Electromagn. Compat., 2012, 54(2): 299–307.

[142] Nayyeri V, Soleimani M, Ramahi O M. A method to model thin conductive layers in the finite-difference time-domain method. IEEE Trans. Electromagn. Compat., 2014, 56(2): 385–392.

[143] Holloway C L, Johansson M, Sarto M S. An effective layer model for analyzing fiber composites//Int. Symp. Electromagn. Compat., Rome, Italy, 1998: 511–516.

[144] Shi L H, Huang Z Y, Si Q, et al. Implementation of Associated-Hermite FDTD in handling INBCs for shielding analysis. International Journal of Antennas and Propagation, 2016, 5: 1–9.

[145] Schulz R B, Plantz V C, Brush D R. Shielding theory and practice. IEEE Trans. Electromag. Compat., 1988, 30(3): 187–201.

[146] Agrawal A K, Price H J, Gurbaxani S H. Transient response of multi-conductor transmission lines excited by a nonuniform electromagnetic field. IEEE Trans. Electromagn. Compat., 1980, 2(22): 119–129.

[147] Orlandi A, Paul C R. FDTD analysis of lossy, multiconductor transmission lines terminated in arbitrary loads. IEEE Trans. Electromagn. Compat., 1996, 38(3): 388–399.

[148] Petrache E, Rachidi F, Paolome M. Lightning induced disturbances in buried cables-Part I : Theory. IEEE Trans. Electromagn. Compat., 2005, 47(3): 498–508.

[149] Rachidi F. A review of field-to-transmission line coupling models with special emphasis to lightning-induced voltages on overhead lines. IEEE Trans. Electromagn. Compat., 2012, 54(4): 898–911.

[150] Yang B, Zhou B, Gao C, et al. Using a two-step finite-difference time-domain method to analyze lightning induced voltages on transmission lines. IEEE Trans. Electromagn. Compat., 2011, 53(1): 256–260.

[151] Paknahad J, Sheshyekani K, Rachidi F. Lightning electromagnetic fields and their induced currents on buried cables. Part I : The effect of an ocean-land mixed propagation path. IEEE Trans. Electromagn. Compat., 2014, 56(5): 1137–1145.

[152] Huang C H, Li C L, Tuen L F. Application of dynamic differential evolution for inverse scattering of a two-dimensional dielectric cylinder in slab medium. Int. J. Appl. Electrom., 2013. 41(2): 181–192.

[153] Tian W Y, Wu Y C, Li Z M, et al. EMI analysis of PCB excited by external incident wave using a hybrid S-matrix. Int. J. Appl. Electrom., 2014, 46(3): 537–545.

[154] Araneo R, Celozzi S. Direct time domain analysis of transmission lines above a lossy ground. IEE Proc. Sci. Meas. Tech., 2001, 148(2): 73–79.

[155] Zhou Y H, Shi L H, Gao C, et al. Combination of FDTD method with digital filter in analyzing the field-to-transmission line coupling. IEEE Trans. Electromagn. Compat., 2008, 50(4): 1003–1007.

[156] Xiong R, Chen B, Cai Z, et al. A numerically efficient method for the FDTD analysis of the shielding effectiveness of large shielding enclosures with thin-slots. Int. J. Appl. Electrom., 2012, 40(4): 251–258.

[157] Vance E F. Coupling to Shielded Cables. New York, NY: Wiley, 1978.

[158] Tesche F M, Ianoz M V, Karlsson T. EMC Analysis Methods and Computational Models. New York: Wiley, 1997.

[159] Environment-Description of HEMP Environment-Radiated Disturbance Basic EMC Publication. IEC Standard 61000-2-9, 1996.

[160] Roden J A, Gedney S D, Kesler P, et al. Time-domain analysis of periodic structures at oblique incidence: Orthogonal and nonorthogonal FDTD implementations. IEEE Trans. Microw. Theory Tech., 1998, 46(4): 420–427.

[161] Fu Z K, Shi L H, Huang, Z Y, et al. An unconditionally stable method for solving the acoustic wave equation. Mathematical Problems in Engineering, 2015: 1–7.

[162] Liu Y, Sen M K. A new time-space domain high-order finite-difference method for the acoustic wave equation. Journal of Computational Physics, 2009, 228(23): 8779–8806.

[163] Peaceman D W, Rachford H H. The numerical solution of parabolic and elliptic differential equations. J. Soc. Indust. Appl Math., 1955, 3(1): 28–41.

[164] Gao C, Wang Y S. A general formulation of Peaceman and Rachford ADI method for the N-dimensional heat diffusion equation. Int. J. Heat Mass Transfer, 1996, 23(6): 845–854.

[165] Tohidi E. Legendre approximation for solving linear HPDEs and comparison with Taylor and Bernoulli matrix methods. Applied Mathematics, 2012, 3(5): 410–416.

索　引